2012年全国计算机等级考试系列辅导用书
——上机、笔试、智能软件三合一

U0123801

三级数据库

（2012年考试专用）

全国计算机等级考试命题研究中心
天合教育金版一考通研究中心 编

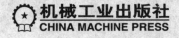

机械工业出版社
CHINA MACHINE PRESS

2012 年全国计算机等级考试在新大纲的标准下实施。本书依据本次最新考试大纲调整，为考生提供了高效的三级数据库备考策略。

本书共分为"笔试考试试题"、"上机考试试题"、"笔试考试试题答案与解析"和"上机考试试题答案与解析"四个部分。

第一部分主要立足于最新的考试大纲，解读最新考试趋势与命题方向，指导考生高效备考，通过这部分的学习可了解考试的试题难度以及重点；第二部分主要是针对最新的上机考试题型和考点，配合随书光盘使用，帮助考生熟悉上机考试的环境；第三部分提供了详尽的笔试试题讲解与标准答案，为考生备考提供了可靠的依据；第四部分为考生提供了上机试题的标准答案，帮助考生准确把握上机的难易程度。

另外，本书配备了上机光盘为考生提供真实的模拟环境并且配备了大量的试题以方便考生练习，同时也为考生提供了最佳的学习方案，通过练习使考生从知其然到知其所以然，为考试通过打下坚实的基础。

图书在版编目(CIP)数据

三级数据库 / 全国计算机等级考试命题研究中心，天合教育金版一考通研究中心编.—北京：机械工业出版社，2011.10

（上机、笔试、智能软件三合一）

2012 年全国计算机等级考试系列辅导用书

ISBN 978-7-111-36284-5

Ⅰ.①三…Ⅱ.①全…②天…Ⅲ.①数据库系列—水平考试—自学参考资料Ⅳ.①TP311.13

中国版本图书馆 CIP 数据核字(2011)第 222481 号

机械工业出版社(北京市百万庄大街 22 号　邮政编码 100037)

策划编辑：丁　诚　　责任编辑：丁　诚　杨　硕

责任印制：乔　宇

三河市宏达印刷有限公司印刷

2012 年 1 月第 1 版第 1 次印刷

210mm×285mm · 8.75 印张 · 321 千字

0 001—4 000 册

标准书号：ISBN 978-7-111-36284-5

光盘号：ISBN 978-7-89433-170-0

定价：36.00 元(含 1CD)

前　言

　　全国计算机等级考试(NCRE)自 1994 年由教育部考试中心推出以来,历经十余年,共组织二十多次考试,成为面向社会的用于考查非计算机专业人员计算机应用知识与能力的考试,并日益得到社会的认可和欢迎。客观、公正的等级考试为培养大批计算机应用人才开辟了广阔的天地。

　　为了满足广大考生的备考要求,我们组织了多名多年从事计算机等级考试的资深专家和研究人员精心编写了《2012 年全国计算机等级考试系列辅导用书》,本书是该丛书中的一本。本书紧扣考试大纲,结合历年考试的经验,增加了一些新的知识点,删除了部分低频知识点,编排体例科学合理,可以很好地帮助考生有针对性地、高效地做好应试准备。本书由上机考试和笔试两部分组成,配套使用可取得更好的复习效果,提高考试通过率。

　　一、笔试考试试题

　　本书中包含的 8 套笔试试题,由本丛书编写组中经验丰富的资深专家在全面深入研究真题、总结命题规律和发展趋势的基础上精心选编,无论在形式上还是难度上,都与真题一致,是考前训练的最佳选择。

　　二、上机考试试题

　　本书包含的 30 套上机考试试题,针对有限的题型及考点设计了大量考题。本书的上机试题是从题库中抽取全部典型题型,提高备考效率。

　　三、上机模拟软件

　　从登录到答题、评分,都与等级考试形式完全一样,评分系统由对考试有多年研究的专业教师精心设计,使模拟效果更加接近真实的考试。本丛书试题的解析由具有丰富实践经验的一线教学辅导教师精心编写,语言通俗易懂,将抽象的问题具体化,使考生轻松、快速地掌握解题思路和解题技巧。

　　在此,我们对在本丛书编写和出版过程中,给予过大力支持和悉心指点的考试命题专家和相关组织单位表示诚挚的感谢。由于时间仓促,本书在编写过程中难免有不足之处,恳请读者批评指正。

丛书编写组

目　　录

< V >

< Ⅵ >

第1章 考试大纲

考试大纲

基本要求

1.掌握计算机系统和计算机软件的基本概念、计算机网络的基本知识和应用知识、信息安全的基本概念。

2.掌握数据结构与算法的基本知识并能熟练应用。

3.掌握并能熟练运用操作系统的基本知识。

4.掌握数据库的基本概念,深入理解关系数据库模型、关系数据库理论和关系数据库系统,掌握关系数据库语言。

5.掌握数据库设计方法,具有数据库设计能力。了解数据库技术发展。

6.掌握计算机操作,并具有用C语言编程、开发数据库应用(含上机调试)的能力。

考试内容

一、基础知识

1.计算机系统的组成和应用领域。

2.计算机软件的基础知识。

3.计算机网络的基础知识和应用知识。

4.信息安全的基本概念。

二、数据结构与算法

1.数据结构、算法的基本概念。

2.线性表的定义、存储和运算。

3.树形结构的定义、存储和运算。

4.排序的基本概念和排序算法。

5.检索的基本概念和检索算法。

三、操作系统

1.操作系统的基本概念、主要功能和分类。

2.进程、线程、进程间通信的基本概念。

3.存储管理、文件管理、设备管理的主要技术。

4.典型操作系统的使用。

四、数据库系统的基本原理

1.数据库的基本概念,数据库系统的构成。

2.数据库模型概念和主要的数据库模型。

3.关系数据库模型的基本概念,关系操作和关系代数。

4.结构化查询语言SQL。

5.事务管理、并发控制、故障恢复的基本概念。

五、数据库设计和数据库使用

1.关系数据库的规范化理论。

2.数据库设计的目标、内容和方法。

3.数据库应用开发工具。

4.数据库技术发展。

< 1 >

六、上机操作

1. 掌握计算机基本操作。

2. 掌握 C 语言程序设计的基本技术、编程和调试。

3. 掌握考试内容相关知识的上机应用。

考试方式

1. 笔试：120 分钟，满分 100 分。

2. 上机考试：60 分钟，满分 100 分。

第2章 笔试考试试题

第1套 笔试考试试题

一、选择题

1.关于计算机语言,下面叙述不正确的是( )。

A.高级语言是独立于具体的机器系统的

B.汇编语言对于不同类型的计算机,基本上不具备通用性和可移植性

C.高级语言是先于低级语言诞生的

D.一般来讲,与高级语言相比,机器语言程序执行的速度较快

2.航空订票系统、交通管制系统等的特点是数据量大,但计算相对简单,这一类应用属于下列( )应用领域。

A.科学和工程计算   B.数据和信息处理

C.过程控制   D.人工智能

3.IP 地址由网络地址和主机地址两部分组成,C 类网络的主机地址长度是( )。

A.4   B.6

C.8   D.12

4.以下关于超文本的叙述中,不正确的是( )。

A.超文本是一种信息组织形式   B.超文本采用非线性的网状结构组织信息

C.超媒体进一步扩展了超文本所链接的信息类型   D.超文本是由结点和链路组成的一个网络

5.栈的特点是( )。

A.先进先出   B.后进先出

C.进优于出   D.出优于进

6.一个功能完备的网络系统应该提供基本的安全服务功能,其中解决网络中信息传送的源结点用户与目的结点用户身份真实性问题的功能称为( )。

A.保密服务   B.认证服务

C.数据完整性服务   D.访问控制服务

7.在计算机上,高级语言程序(源程序)不能直接运行,必须将它们翻译成具体机器的机器语言(目标程序)才能执行。这种翻译是由( )来完成的。

A.编译程序   B.翻译程序

C.转译程序   D.转换程序

8.各种电子邮件系统提供的服务功能基本上是相同的,通过电子邮件客户端软件可以完成( )操作。

Ⅰ.创建与发送电子邮件   Ⅱ.接收、阅读与管理电子邮件

Ⅲ.账号、邮箱与通信簿管理

A.Ⅰ和Ⅱ   B.Ⅰ和Ⅲ

C.Ⅱ和Ⅲ   D.Ⅰ、Ⅱ和Ⅲ

9.若让元素 1,2,3 依次进栈,则出栈次序不可能出现哪一种情况( )。

A.3,2,1   B.2,1,3

C.3,1,2   D.1,3,2

10.在一棵树中,哪一个结点没有前驱结点( )。

A.分支结点   B.叶结点

C.树根结点   D.空结点

11. 设顺序表中结点个数为 n，向第 i 个结点后面插入一个新结点，设向每个位置插入的概率相等，则在顺序表中插入一个新结点平均需要移动的结点个数为（　　）。

　　A. (n－1)/2
　　B. n/2
　　C. n
　　D. (n+1)/2

12. 双链表的每个结点包括两个指针域。其中 rlink 指向结点的后继，llink 指向结点的前驱。如果要在 p 所指结点后插入 q 所指的新结点，以下（　　）操作序列是正确的。

　　A. p↑.rlink↑.llink:=q; p↑.rlink:=q; q↑.llink:=p; q↑.rlink:=p↑.rlink;
　　B. p↑.llink↑.rlink:=q; p↑.llink:=q; q↑.rlink:=p; q↑.llink:=p↑.llink;
　　C. q↑.llink:=p; q↑.rlink:=p↑.rlink; p↑.rlink↑.llink:=q; p↑.rlink:=q;
　　D. q↑.rlind:=p; q↑.llink:=p↑.llink; p↑.llink↑.rlink:=q; p↑.llink:=q;

13. 设森林 F 对应的二叉树为 B，它有 m 个结点，B 的根为 p，p 的右子树上的结点个数为 n，森林 F 中第一棵树的结点个数是（　　）。

　　A. m－n－1
　　B. n+1
　　C. m－n+1
　　D. m－n

14. 设散列表的地址空间为 0～10，散列函数为 h(k)＝k mod 11，用线性控查法解决碰撞。现从空的散列表开始，依次插入关键码值 95,14,27,68,82，则最后一个关键码 82 的地址为（　　）。

　　A. 4
　　B. 5
　　C. 6
　　D. 7

15. 按行优先顺序存储如下三角矩阵的非零元素，则计算非零元素 a_{ij}（$1 \leqslant j \leqslant i \leqslant n$）的地址的公式为（　　）。

$$Am \begin{bmatrix} a_{11} & 0 & \cdots & 0 \\ a_{21} & a_{22} & \cdots & 0 \\ \cdots & \cdots & \cdots & \cdots \\ _{n1} & a_{n2} & \cdots & a_{nn} \end{bmatrix}$$

　　A. $LOC(a_{ij})＝LOC(a_{11})+i \times (i+1)/2+j$
　　B. $LOC(a_{ij})＝LOC(a_{11})+i \times (i+1)/2+(j-1)$
　　C. $LOC(a_{ij})＝LOC(a_{11})+i \times (i-1)/2+j$
　　D. $LOC(a_{ij})＝LOC(a_{11})+i \times (i-1)/2+(j-1)$

16. 对 n 个记录的文件进行起泡排序，所需要的存储空间为（　　）。

　　A. O(1)
　　B. $O(\log_2 n)$
　　C. O(n)
　　D. $O(n^2)$

17. 为了增加内存空间的利用率和减少溢出的可能性，由两个栈共享一片连续的内存空间时，应将两个栈的栈底分别设在这片内存空间的两端。如此只有当（　　）时，才产生溢出。

　　A. 两个栈的栈顶同时到达栈空间的中心点
　　B. 两个栈的栈顶在栈空间的某一位置相遇
　　C. 其中一个栈的栈顶到达栈空间的中心点
　　D. 两个栈不空，且一个栈的栈顶到达另一个栈的栈底

18. 采用动态重定位方式装入的作业，在执行中允许（　　）将其移动。

　　A. 用户有条件的
　　B. 用户无条件的
　　C. 操作系统有条件的
　　D. 操作系统无条件的

19. 用 P、V 操作管理临界区时，把信号量 mutex 的初值设定为 1。当 mutex 的等待队列中有 k（k＞1）个进程时，信号量的值为（　　）。

　　A. k
　　B. k－1
　　C. 1－k
　　D. －k

20. 下列有关分区存储管理的叙述中，不正确的是（　　）。

　　A. 分区存储管理能充分利用内存
　　B. 分区存储管理有固定分区存储管理和可变分区存储管理
　　C. 固定分区会浪费存储空间

D.分区存储管理不能实现对内存的扩充

21.为防止系统抖动现象的出现,必须( )。

A.减少多道程序的道数
B.限制驻留在内存的进程数目
C.尽量提高多道程序的道数
D.以上都不对

22.以下文件存储设备中,不适合进行随机存取的设备是( )。

A.硬盘
B.光盘
C.软盘
D.磁带

23.由实例管理器、模式管理器、安全管理器、存储管理器、备份管理器、恢复管理器、数据管理和SQL工作表单组成的Oracle数据库管理工具是( )。

A. Oracle Developer/2000
B. Oracle Enterprise Manager
C. Oracle Designer/2000
D. Oracle Discoverer/2000

24.下列关于设备分配的叙述中,错误的是( )。

A.通常设备管理要建立设备控制块,但对通道管理则不用建立通道控制块
B.独占设备的独占性,是产生死锁的必要条件之一
C.SPOOLing系统的引入,是为了解决独占设备数量少、速度慢的问题
D.设备独立性是指,用户请求一类设备时并不知道系统将分配哪一台具体设备

25.在一个数据库中,模式的个数( )。

A.有任意多个
B.与用户个数相同
C.由设置的系统参数决定
D.只有一个

26.下列关于信息和数据的说法中,不正确的是( )。

A.信息是现实世界事物的存在方式或运动状态的反映
B.信息可以感知、存储、加工、传递
C.数据是信息的符号表示
D.信息和数据可以分离,是两个不同的概念

27.在设备管理中,缓冲技术主要用于( )。

A.解决主机和设备之间的速度差异
B.提高设备利用率
C.提供内存与外存之间的接口
D.扩充相对地址空间

28.设有关系SC(SNO,CNO,GRADE),主码是(SNO,CNO)。遵照实体完整性规则,( )。

A.只有SNO不能取空值
B.只有CNO不能取空值
C.只有GRADE不能取空值
D.SNO与CNO都不能取空值

29.数据库设计的概念结构设计阶段,表示概念结构的常用方法和描述工具是( )。

A.层次分析法和层次结构图
B.数据流程分析法和数据流程图
C.结构分析法和模块结构图
D.实体一联系方法和E-R图

30.在关系代数的连接操作中,连接操作需要取消重复列的是( )。

A.自然连接
B.笛卡儿积
C.等值连接
D.θ连接

31.设有关系R、S和T如下。关系T由关系R和S经过( )操作得到。

R			S			T		
A	B	C	A	B	C	A	B	C
1	2	3	4	1	6	1	2	3
4	1	6	2	7	1	3	2	4
3	2	4						

32.以下( )操作不能正确执行(这里不考虑置空值与级联操作)。

A.从EMP中删除雇员号='010'的行
B.在EMP中插入行('102','王二小','01',5000)
C.将EMP中雇员号='056'的工资改为6000
D.将EMP中雇员号='101'的部门号改为'02'

33. 设关系 R 和 S 的元数分别是 r 和 s,则集合{t|t=<tt,ts>tr∈Rts∈S}标记的是(　　)。

A. R∪S

B. R-S

C. R∩S

D. R×S

34. 十六进制数值 EF 的二进制数值是(　　)。

A. 11101111

B. 10001001

C. 11001101

D. 11011110

35. IMS 系统属于(　　)。

A. 层次模型数据库

B. 网状模型数据库

C. 分布式数据库

D. 关系模型数据库

第 36～37 题基于"学生—选课—课程"数据库中的三个关系:

S(S#,SNAME,SEX,AGE),

SC(S#,C#,GRADE),

C(C#,CNAME,TEACHER)

36. 若要求查找选修"数据库技术"这门课程的学生姓名和成绩,将涉及关系(　　)。

A. S 和 SC

B. SC 和 C

C. S 和 C

D. S,SC 和 C

37. 若要求查找姓名中第二个字为"天"字的学生的学号和姓名,以下 SQL 语句中,正确的是(　　)。

Ⅰ. SELECT S#,SNAME FROM S WHERE SNAME=? _天%?

Ⅱ. SELECT S#,SNAME FROM S WHERE SNAME LIKE? _天%?

Ⅲ. SELECT S#,SNAME FROM S WHERE SNAME LIKE?%天%?

A. 只有Ⅰ

B. 只有Ⅱ

C. 只有Ⅲ

D. 都正确

38. 在 SQL 语言中,一个基本表的定义一旦被删除,则与此基本表相关的下列内容中自动被删除的是(　　)。

Ⅰ. 在此表中的数据

Ⅱ. 在此表上建立的索引

Ⅲ. 在此表上建立的视图

A. Ⅰ和Ⅱ

B. Ⅱ和Ⅲ

C. Ⅰ和Ⅲ

D. 全部

39. 在下列选项中,(　　)是数据库管理系统的基本功能。

Ⅰ. 数据库存取

Ⅱ. 数据库的建立和维护

Ⅲ. 数据库定义

Ⅳ. 数据库和网络中其他软件系统的通信

A. Ⅰ和Ⅱ

B. Ⅰ、Ⅱ和Ⅲ

C. Ⅱ和Ⅲ

D. 全部

40. 游标是系统为用户开设的一个(　　)。

A. 内存空间

B. 数据缓冲区

C. 外存空间

D. 虚拟空间

41. 下列关于索引哪一条是不正确的(　　)。

A. 顺序索引能有效地支持范围查询

B. 散列索引能有效地支持点查询

C. 顺序索引能有效地支持点查询

D. 散列索引能有效地支持范围查询

42. 在 SYBASE 数据库产品中提供面向对象的数据库建模工具的是(　　)。

A. OmniConnect

B. ReplicationServer

C. DirectConnect

D. PowerDesigner

43. 对于单个元组的操作是由数据库管理系统 DBMS 层次结构中的(　　)层处理的。

A. 应用层

B. 语言翻译处理层

C. 数据存取层

D. 数据存储层

44.事务的所有操作在数据库中要么全部正确反映出来,要么全部不反映,这是事务的( )特性。

A.持久性　　　　　　　　　　　　　　　　B.原子性

C.隔离性　　　　　　　　　　　　　　　　D.一致性

45.磁盘故障的恢复需要( )。

A.恢复管理部件负责　　　　　　　　　　B.反向扫描日志

C.DBA的干预　　　　　　　　　　　　　D.数据库镜像过程

46.对关系模式进行规范化的目的是( ),并避免出现插入异常、删除异常和更新异常。

A.减少数据冗余　　　　　　　　　　　　B.提高查询速度

C.保证数据安全　　　　　　　　　　　　D.提高查询效率

47.关于数据库技术的发展历史,下列说明不正确的是( )。

A.关系模型数据库系统属于第一代数据库系统　　B.新一代数据库系统具有很好的开放性

C.新一代数据库系统包含关系数据库管理系统　　D.新一代数据库系统支持面向对象技术

48.DDL是( )。

A.数据操纵语言　　　　　　　　　　　　B.数据定义语言

C.自含语言　　　　　　　　　　　　　　D.宿主语言

49.下面关于函数依赖的叙述中,不正确的是( )。

A.若X→Y,X→Z,则X→YZ　　　　　　B.若XY→Z,则X→Z,Y→Z

C.若X→Y,Y→Z,则X→Z　　　　　　　D.若X→Y,Y⊂Y,则X→Y?

50.关系模式R中的属性全部是主属性,则R的最高范式至少是( )。

A.1NF　　　　　　　　　　　　　　　　B.2NF

C.BCNF　　　　　　　　　　　　　　　D.3NF

51.设F是属性组U上的一组函数依赖,以下( )属于Armstrong公理系统中的基本推理规则。

A.若X→Y及X→Z为F所逻辑蕴含,则X→YZ为F所逻辑蕴含

B.若X→Y及Y→Z为F所逻辑蕴含,则X→Z为F所逻辑蕴含

C.若X→Y及WY→Z为F所逻辑蕴含,则XW→Z为F所逻辑蕴含

D.若X→Y为F所逻辑蕴含,且Z∈Y,则X→Z为F所逻辑蕴含

52.若有关系模式R(A,B),以下叙述中( )是正确的。

Ⅰ.A→→B一定成立　　　　　　　　　　Ⅱ.A→B一定成立

Ⅲ.R的规范化程度无法判定　　　　　　Ⅳ.R的规范化程度达到4NF

A.只有Ⅰ　　　　　　　　　　　　　　　B.Ⅰ和Ⅱ

C.只有Ⅲ　　　　　　　　　　　　　　　D.Ⅰ和Ⅳ

53.第一代数据库系统的出现,标志着( )。

A.文件管理已由自由管理阶段进入了数据库系统阶段

B.数据管理由文件系统阶段进入了数据库系统阶段

C.数据管理由人工管理阶段进入了文件系统阶段

D.数据管理由人工管理阶段进入了数据库系统阶段

54.联机分析处理的基本分析功能包括( )。

Ⅰ.聚类　　　　　　　　　　　　　　　　Ⅱ.切片

Ⅲ.转轴　　　　　　　　　　　　　　　　Ⅳ.切块

A.Ⅰ、Ⅱ和Ⅲ　　　　　　　　　　　　　B.Ⅰ、Ⅱ和Ⅳ

C.Ⅱ、Ⅲ和Ⅳ　　　　　　　　　　　　　D.全部

55.建立Delphi程序的基本操作步骤中不包括( )。

A.需求分析　　　　　　　　　　　　　　B.创建一个新的项目

C.设计窗体　　　　　　　　　　　　　　D.编写构件响应的事件

56. 下列系统中哪一个可以更好地支持企业或组织的决策分析处理的、面向主题的、集成的、相对稳定的、体现历史变化的数据集合(　　)。

A. 数据库系统　　　　　　　　　　　B. 数据库管理系统

C. 数据仓库　　　　　　　　　　　　D. 数据集成

57. 以下(　　)不是局部 E-R 图集成为全局 E-R 图时可能存在的冲突。

A. 模型冲突　　　　　　　　　　　　B. 结构冲突

C. 属性冲突　　　　　　　　　　　　D. 命名冲突

58. 在 PowerDesigner 中,可在物理层和概念层建立和维护数据模型的模块是(　　)。

A. ProcessAnalyst　　　　　　　　　B. DataArchitect

C. AppModeler　　　　　　　　　　　D. MetaWorks

59. PowerDesigner 中的 Viewer 模块的主要功能是(　　)。

A. 用于物理(逻辑)数据库的设计和应用对象的生成

B. 通过模型的共享支持高级团队工作的能力

C. 用于数据仓库和数据集市的建模和实现

D. 提供对 PowerDesigner 所有模型信息的只读访问

60. 下列关于对象－关系数据库中继承特征的叙述中,错误的是(　　)。

A. 继承性是面向对象方法的一个重要特征

B. 继承包括对数据的继承和对操作的继承

C. 数据继承只适用于组合类型

D. 基本类型是封装的,但它的内部类型仍是可见的

二、填空题

1. 计算机系统中,_____通常用 8 位二进制数组成,可代表一个数字、一个字母或一个特殊符号。

2. 不管是通过局域网还是通过电话网接入 Internet,首先要连接到_____的主机。

3. 按行优先顺序存储下三角矩阵 Amn 的非零元素,则计算非零元素 a_{ij}($1 \leqslant j \leqslant i \leqslant n$)的地址的公式为 $Loc(a_{ij})=$ _____ $+i(i-1)/2+(j-1)$。

4. 对于关键码序列 18,30,35,10,46,38,5,40 进行堆排序(假定堆的根结点为最小关键码),在初始建堆过程中需进行的关键码交换次数为_____。

5. 对于稀疏矩阵常用的三元组法存储,不反映稀疏矩阵中同行或同列元素的关系,它可以反映出_____个数。

6. 设根结点的层次为 0,则高度为 k 的完全二叉树的最小结点数为_____。

7. 在存储管理中,为实现地址映射,硬件应提供两个寄存器,一个是基址寄存器,另一个是_____。

8. 消息机制是进程间通信的手段之一,一般包括消息缓冲和_____。

9. 进程是系统进行资源分配和调度的基本单位。进程由程序块、_____和数据块三部分组成。

10. 若查询同时涉及两个以上的表,则称之为_____。

11. 在关系数据库标准语言 SQL 中,实现数据检索的语句(命令)是_____。

12. 数据库的物理设计通常分为两步:_____和对物理结构进行评价。

13. 数据模型是严格定义的一组概念的集合。通常由数据结构、数据操作和_____三部分组成。

14. 在批处理系统兼分时系统的系统中,往往由分时系统控制的作业称为_____作业,而由批处理系统控制的作业称为后台作业。

15. 将 E-R 图中的实体和联系转换为关系模型中的关系,这是数据库设计过程中_____设计阶段的任务。

16. SYBASE 企业及数据库服务器支持三种类型的_____来保证系统的并发性。

17. 严格两阶段封锁协议要求_____更新的封锁必须保持到事务的终点。

18. 数据仓库体系结构通常采用 3 层结构,中间层是_____。

19. 如果某事务成功完成执行,则该事务称为_____事务。

20. 文件物理结构中_____结构把逻辑上连续的文件存放在若干个不连续的物理块中。

第2套 笔试考试试题

一、选择题

1.关于计算机语言,下面叙述不正确的是(   )。

A.高级语言较低级语言更接近人们的自然语言   B.高级语言、低级语言都是与计算机同时诞生的

C.机器语言和汇编语言都属于低级语言   D. Basic 语言、Pascal 语言、C 语言都属于高级语言

2.八进制数值 47 的二进制数值是(   )。

A.101101   B.100111

C.100100   D.111100

3.下列(   )不是计算机病毒的特征。

A.传染性   B.可激发性

C.潜伏性   D.复制性

4.在应用层协议中,用于 WWW 服务的是(   )。

A.网络终端服务 TELNET   B. HTTP

C.网络文件协议 NFS   D.域名服务 DNS

第5~7题基于下图所示的二叉树。

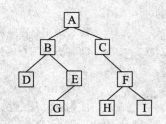

5.该二叉树对应的森林包括(   )棵树。

A.1   B.2

C.3   D.4

6.如果用 llink-rlink 法存储该二叉树,则各结点的指针域中共包含(   )个空指针。

A.6   B.8

C.10   D.12

7.如果将该二叉树存储为对称序线索二叉树,则结点 H 的左线索指向(   )。

A.结点 A   B.结点 C

C.结点 E   D.结点 G

8.关于电子邮件,下列说法中错误的是(   )。

A.发送电子邮件需要 E-mail 软件支持   B.收件人必须有自己的邮政编码

C.收件人必须有自己的 E-mail 账号   D.必须知道收件人的 E-mail 地址

9.设散列表的地址空间为 0~12,散列函数为 $h(k)=k \bmod 13$,用线性探查法解决碰撞。现从空的散列表开始,依次插入关键码值 41,60,27,90,18,则最后一个关键码 82 的地址为(   )。

A.4   B.5

C.6   D.7

10.下列(   )不是数据结构概念所包括的。

A.数据间的逻辑关系   B.数据的传输

C.数据的运算   D.数据的存储方式

11.若对一个已经排好序的序列进行排序,在下列四种方法中,哪种方法比较好(   )。

A.冒泡法   B.直接选择法

< 9 >

C. 直接插入法　　　　　　　　　　　　　　　　D. 归并法

12. 线性链表不具有的特点是(　　)。

A. 随机访问　　　　　　　　　　　　　　　　B. 不必事先估计所需存储空间大小

C. 插入与删除时不必移动元素　　　　　　　　D. 所需空间与线性表长度成正比

13. 下列关于计算机系统工作原理的叙述中,(　　)是正确的。

A. 中央处理器直接对存储器中的数据进行处理　B. 运算器完成解释和执行指令的工作

C. 中央处理器可以从输入设备中得到控制指令　D. 程序和数据均存放在存储器中

14. 二维数组 A[0,…,8][0,…,9],其每个元素占 2 字节。从首地址 400 开始,按行优先顺序存放,则元素 A[8][5]的存储地址为(　　)。

A. 570　　　　　　　　　　　　　　　　　　B. 506

C. 410　　　　　　　　　　　　　　　　　　D. 482

15. 批处理操作系统中,作业运行过程中反映作业的运行情况,并且是作业存在的唯一标志是(　　)。

A. 作业状态　　　　　　　　　　　　　　　　B. 作业类型

C. 作业控制块　　　　　　　　　　　　　　　D. 作业优先级

16. 在嵌入式 SQL 中,与游标相关的语句有四个。下列语句可执行"取出当前行的值放入相应的程序变量中"操作的是(　　)。

A. DECLARE　　　　　　　　　　　　　　　　B. OPEN

C. FETCH　　　　　　　　　　　　　　　　　D. CLOSE

17. 关于操作系统的叙述哪一个是不正确的(　　)。

A. 管理资源的程序　　　　　　　　　　　　　B. 管理用户程序执行的程序

C. 能使系统资源提高效率的程序　　　　　　　D. 能方便用户编程的程序

18. 下列关键码序列中,不是堆的是(　　)。

A. (12,31,38,45,56,59,75,89)　　　　　　　B. (12,31,56,45,38,89,59,75)

C. (12,31,45,56,59,38,75,89)　　　　　　　D. (12,31,45,75,38,59,56,89)

19. 关于进程间的通信描述不正确的是(　　)。

A. 进程互斥是指每次只允许一个进程使用临界资源　B. 进程控制是通过原语实现的

C. P、V 操作是一种进程同步机制　　　　　　　　D. 管道不是一种进程高级通信机制

20. 文件的存取方式是由文件的性质和用户使用文件的情况确定的,一般文件的存取方式有两种,它们是(　　)。

A. 直接存取和间接存取　　　　　　　　　　　B. 顺序存取和随机存取

C. 只读存取和读写存取　　　　　　　　　　　D. 直接存取和顺序存取

21. 分页式存储管理中,地址转换工作是由什么完成的(　　)。

A. 硬件　　　　　　　　　　　　　　　　　　B. 地址转换程序

C. 用户程序　　　　　　　　　　　　　　　　D. 装入程序

22. 常用的虚拟存储器寻址系统由(　　)组成。

A. 主存和外存　　　　　　　　　　　　　　　B. Cache 和内存

C. Cache 和外存　　　　　　　　　　　　　　D. 主存和 Cache

23. 在可变分区存储管理中,最优适应分配算法要求对空头区表项按(　　)的顺序进行排列。

A. 地址从大到小　　　　　　　　　　　　　　B. 地址从小到大

C. 尺寸从大到小　　　　　　　　　　　　　　D. 尺寸从小到大

24. 下列关于设备分配的叙述中,错误的是(　　)。

A. 通常设备管理要建立设备控制块,但对通道管理则不用建立通道控制块

B. 独占设备的独占性,是产生死锁的必要条件之一

C. SPOOLing 系统的引入,是为了解决独占设备数量少、速度慢的问题

D. 设备独立性是指用户请求一类设备时并不知道系统将分配哪一台具体设备

25. 设计作业调度算法时,不需要考虑下列哪一个因素(   )。

　　A. 友好的用户界面　　　　　　　　　　B. 均衡使用资源

　　C. 公平性　　　　　　　　　　　　　　D. 吞吐量大

26. 下列进程状态的转换中,哪一个是不正确的(   )。

　　A. 就绪→运行　　　　　　　　　　　　B. 运行→就绪

　　C. 就绪→等待　　　　　　　　　　　　D. 等待→就绪

27. 在数据库系统阶段,数据(   )。

　　A. 具有物理独立性,没有逻辑独立性　　B. 具有逻辑独立性,没有物理独立性

　　C. 物理独立性和逻辑独立性均没有　　　D. 具有高度的物理独立性和逻辑独立性

28. 数据模型的三要素是(   )。

　　A. 外模式、概念模式和内模式　　　　　B. 关系模型、网状模型、层次模型

　　C. 实体、属性和联系　　　　　　　　　D. 数据结构、数据操作和数据约束条件

29. 下列关于信息和数据的说法中,不正确的是(   )。

　　A. 信息是现实世界事物的存在方式或运动状态的反映

　　B. 信息可以感知、存储、加工、传递

　　C. 数据是信息的符号表示

　　D. 信息和数据可以分离,是两个不同的概念

30. 下列关于关系数据模型的术语中,(   )术语所表达的概念与表中的"列"的概念最接近。

　　A. 属性　　　　　　　　　　　　　　　B. 关系

　　C. 域　　　　　　　　　　　　　　　　D. 元组

31. 有两个基本关系:学生(学号,姓名,系号),系(系号,系名,系主任),学生表的主码为学号,系表的主码为系号,因而系号是学生表的(   )。

　　A. 主码　　　　　　　　　　　　　　　B. 外码

　　C. 域　　　　　　　　　　　　　　　　D. 映像

32. 下列关于函数依赖的叙述中,哪一条是不正确的(   )。

　　A. 由 $X \rightarrow Y, X \rightarrow Z$, 有 $X \rightarrow YZ$　　B. 由 $XY \rightarrow Z$, 有 $X \rightarrow Z, Y \rightarrow Z$

　　C. 由 $X \rightarrow Y, WY \rightarrow Z$, 有 $XW \rightarrow Z$　　D. 由 $X \rightarrow Y$ 及 $Z \subseteq Y$, 有 $X \rightarrow Z$

33. 在学生选课表 SC 中,查询选修了 3 号课程的学生的学号(XH)及其成绩(CJ)。查询结果按分数的降序排列。实现该功能的正确 SQL 语句是(   )。

　　A. SELECT XH,CJ FROM SC WHERE CH='3' ORDER BY CJ DESC

　　B. SELECT XH,CJ FROM SC WHERE CH='3' ORDER BY CJ ASC

　　C. SELECT XH,CJ FROM SC WHERE CH='3' GROUP BY CJ DESC

　　D. SELECT XH,CJ FROM SC WHERE CH='3' GROUP BY CJ ASC

34. 在 SQL 语言的 SELECT 语句中,实现投影操作的是(   )子句。

　　A. SELECT　　　　　　　　　　　　　B. FROM

　　C. WHERE　　　　　　　　　　　　　D. GROUP BY

35. 实体完整性要求主属性不能为空值,这一点可以通过(   )来保证。

　　A. 定义外部件　　　　　　　　　　　　B. 定义主键

　　C. 用户定义的完整性　　　　　　　　　D. 均不是

36. 设有下列三个关系 S,C,SC,它们的主码分别是 S#,C#,(S#,C#)。

　　S(S#,SName)

　　C(C#,CName)

　　SC(S#,C#,Grade)

　　下列关于保持数据库完整性的叙述中,不正确的是(   )。

　　A. 向关系 SC 插入元组时,S# 和 C# 都不能是空值(NULL)

B. 可以任意删除关系 SC 中的元组

C. 向任何一个关系插入元组时,必须保证该关系主码值的唯一性

D. 可以任意删除关系 C 中的元组

37. 如果对关系 S(number,name,score)成功执行下列 SQL 语句:

CREATE CLUSTER INDEX name_index ON S(score)

对此结果的描述中,正确的是(　　　)。

A. 在 S 表上按 salary 升序创建了一个唯一索引　　　　B. 在 S 表上按 salary 降序创建了一个唯一索引

C. 在 S 表上按 salary 升序创建了一个聚簇索引　　　　D. 在 S 表上按 salary 降序创建了一个聚簇索引

38. 下面不属于对属性列和视图的操作权限的操作是(　　　)。

A. 建立索引　　　　　　　　　　　　　　　　　　　B. 查询

C. 插入　　　　　　　　　　　　　　　　　　　　　D. 删除

39. PowerBuilder 是一个深受广大用户欢迎的快速应用开发工具,它与其他应用开发工具比较,最具有特色的是(　　　)。

A. 支持面向对象的开发方法　　　　　　　　　　　　B. 提供可视化图形用户界面

C. 使用 ODBC 与多种数据库连接　　　　　　　　　　D. 可通过数据窗口访问数据库

40. SQL 的 DML 包括的语句有(　　　)。

A. ROLLBACK,COMMIT　　　　　　　　　　　　　B. CREATE,DROP,ALTER

C. GRANT,REVOKE　　　　　　　　　　　　　　　D. SELECT,INSERT,DELETE,UPDATE

41. 下列不属于 Oracle 公司的开发工具 Developer 2000 的是(　　　)。

A. Oracle Office　　　　　　　　　　　　　　　　　B. Oracle Reports

C. Oracle Graphics　　　　　　　　　　　　　　　　D. Oracle Book

42. 在 SYBASE 数据库产品中提供面向对象的数据库建模工具的是(　　　)。

A. DirectConnect　　　　　　　　　　　　　　　　　B. OmniConnect

C. ReplicationServer　　　　　　　　　　　　　　　　D. PowerDesigner

43. 如果两个实体之间的联系是 M∶N,则在转换成关系模型时,如何引入第三个交叉关系(　　　)。

A. 需要引入第三个交叉关系　　　　　　　　　　　　B. 不需要引入第三个交叉关系

C. 无所谓　　　　　　　　　　　　　　　　　　　　D. 将两个实体合并

44. 当一个事务执行期间所使用的数据不能被第二个事务再使用,直到第一个事务结束为止,这种性质称为事务的(　　　)。

A. 串行性　　　　　　　　　　　　　　　　　　　　B. 隔离性

C. 永久性　　　　　　　　　　　　　　　　　　　　D. 原子性

45. 以下关于 E-R 模型向关系模型转换的叙述中,(　　　)是不正确的。

A. 一个 1∶1 联系可以转换为一个独立的关系模式,也可以与联系的任意一端实体所对应的关系模式合并

B. 一个 1∶n 联系可以转换为一个独立的关系模式,也可以与联系的 n 端实体所对应的关系模式合并

C. 一个 m∶n 联系可以转换为一个独立的关系模式,也可以与联系的任意一端实体所对应的关系模式合并

D. 三个或三个以上的实体间的多元联系转换为一个关系模式

46. 把关系看做二维表,则下列说法中错误的是(　　　)。

A. 表中允许出现相同的行　　　　　　　　　　　　　B. 表中不允许出现相同的行

C. 行的次序可以交换　　　　　　　　　　　　　　　D. 列的次序可以交换

47. 数据库系统的日志文件用于记录下述(　　　)内容。

A. 数据更新操作　　　　　　　　　　　　　　　　　B. 数据查询操作

C. 程序执行结果　　　　　　　　　　　　　　　　　D. 程序运行过程

48. 设关系模式 R(U,F),其中 U 为属性集,F 是 U 上的一组函数依赖,下列叙述中正确的是(　　　)。

A. 若 X→Y 被 F 逻辑蕴涵,且 Z⊆U,则 XZ→YZ 被 F 逻辑蕴涵

B. 若 X→Y,Y→Z 被 F 逻辑蕴涵,则 X→Z 被 F 逻辑蕴涵

C. 若 Y⊆X⊆U,则 Y→X 被 F 逻辑蕴涵

D. 若 X⊆Y⊆U,则 X→Y 被 F 逻辑蕴涵

49.下列关于事务的叙述中,正确的是(   )。

A.确保持久性是数据库系统中事务管理部件的责任

B.串行地执行事务不是解决事务并发执行问题的一种方式

C.一旦中止事务造成的变更被撤销,则称事务已回滚

D.如果每个事务都保证一致性和原子性,即使它们并发执行,也有可能导致不一致状态

50.磁盘故障的恢复需要(   )。

A.恢复管理部件负责   B.反向扫描日志

C.DBA 的干预   D.数据库镜像过程

51.设有关系模式 R(A,B,C,D,E,F),根据语义有如下函数依赖集:F={A→B,(C,D)→A,(B,C)→D,(C,E)→D,(A,E)→F}。则关系模式 R 的候选码是(   )。

A.(A,D,E)   B.(C,D,E)

C.(B,C)   D.(C,E)

52.在 PowerBuilder 的数据类型中,integer 是多少位带符号数(   )。

A.7   B.8

C.15   D.16

53.数据库设计的概念结构设计阶段,表示概念结构的常用方法和描述工具是(   )。

A.层次分析法和层次结构图   B.数据流程分析法和数据流程图

C.结构分析法和模块结构图   D.实体—联系方法和 E-R 图

54.建立 Delphi 程序的基本操作步骤中不包括(   )。

A.数据库设计   B.创建一个新的项目

C.设计窗体   D.编译、运行程序

55.联机分析处理的基本分析功能包括(   )。

Ⅰ.聚类   Ⅱ.切片

Ⅲ.转轴   Ⅳ.切块

A.Ⅰ、Ⅱ和Ⅲ   B.Ⅰ、Ⅱ和Ⅳ

C.Ⅱ、Ⅲ和Ⅳ   D.都正确

56.下面所列条目中,哪些是当前应用开发工具的发展趋势(   )。

Ⅰ.采用三层 Client/Server 结构   Ⅱ.对 Web 应用的支持

Ⅲ.开放的、构件式的分布式计算环境

A.Ⅰ和Ⅱ   B.Ⅱ和Ⅲ

C.Ⅰ和Ⅲ   D.都正确

57.OLAP 是以数据库或数据仓库为基础的,其最终数据来源是来自底层的(   )。

A.数据仓库   B.操作系统

C.数据字典   D.数据库系统

58.下列关于对象—关系数据库中继承特征的叙述中,错误的是(   )。

A.继承性是面向对象方法的一个重要特征   B.继承包括对数据的继承和对操作的继承

C.数据继承只适用于组合类型   D.基本类型是封装的,但它的内部类型仍是可见的

59.下列关于数据库故障的叙述中,说法不正确的是(   )。

A.事务故障可能使数据库处于不一致状态

B.事务故障可能由两种错误产生:逻辑错误和系统错误

C.系统故障时一般主存储器内容会完好,而外存储器内容丢失

D.磁盘故障指的是磁盘上内容的丢失

60.下列(   )不属于数据库设计的任务。

A.进行需求分析   B.设计数据库管理系统

C.设计数据库逻辑结构   D.设计数据库物理结构

二、填空题

1. 局域网常用的拓扑结构有星型、环型、_____和树型等几种。

2. 所谓"通过局域网接入 Internet",是指用户的局域网使用_____,通过数据通信网与 ISP 相连接,再通过 ISP 的连接通道接入 Internet。

3. 对网络提供某种服务的服务器发起攻击称为_____。

4. 如果对于给定的一组数值,所构造出的二叉树的带权路径长度最小,则该树称为_____。

5. 散列法存储的基本思想是:由结点的_____决定结点的存储地址。

6. 对于稀疏矩阵常用的三元组法存储,不反映稀疏矩阵中同行或同列元素的关系,它可以反映出_____个数。

7. 设一线性表中有 500 个元素 a_1,a_2,…,a_{500},按递增顺序排序,则用二分法查找给定值 K,最多需要比较_____次。

8. 根据参照完整性规则,外码的值或者等于以此外码为主码的关系中某个元组主码的值,或者取_____。

9. 死锁的四个必要条件是_____、占用并等待资源、不可抢夺资源和循环等待资源。

10. 在各类通道中,支持通道程序并发执行的通道是_____。

11. Oracle 数据库系统中提供的 CASE 工具是_____。

12. 数据管理经过了人工管理、文件系统和_____三个发展阶段。

13. DB2 Warehouse Manager 完全自动地把 OLAP 集成到_____。

14. 关系规范化过程就是通过关系模式的分解,把低一级的关系模式分解为若干高一级的关系模式的过程;1NF、2NF、3NF、BCNF 之间存在着_____的关系。

15. 一个事务成功完成后,它对数据库的改变必须是永久的。这一特性称为事务的_____。

16. 如果两个实体之间具有 M∶N 关系,则将它们转换为关系模型的结果是_____个表。

17. 使用最为广泛的记录数据库中更新活动的结构是_____。它记录了数据库中的所有更新活动。

18. 在关系模式 R(A,C,D)中,存在函数依赖关系(A→D,A→C),则候选码为_____。

19. 数据仓库和数据仓库技术是基于_____模型的。这个模型把数据看做是数据立方体形式。

20. 在面向对象模型中,每一个对象是状态和_____的封装。

第3套 笔试考试试题

一、选择题

1. 数学、力学、化学以及石油勘探、桥梁设计等领域都存在着复杂数学问题,需要利用计算机和数值方法求解,这一类应用属于下列(　　)应用领域。

A. 科学和工程计算　　　　　　　　　　　B. 数据和信息处理

C. 过程控制　　　　　　　　　　　　　　D. 人工智能

2. 下面关于超文本的叙述中,不正确的是(　　)。

A. 超文本是一种信息管理技术,也是一种电子文献形式

B. 超文本采用非线性的网状结构来组织信息

C. 多媒体超文本也可以认为是超文本

D. 超文本是由结点和链路组成的一个网络

3. 攻击者对截获的密文进行分析和识别属于(　　)。

A. 主动攻击　　　　　　　　　　　　　　B. 密文攻击

C. 被动攻击　　　　　　　　　　　　　　D. 中断攻击

4. 关于计算机的操作系统,下面叙述不正确的是(　　)。

A. 操作系统是从管理程序(管理软件和硬件的程序)发展而来的

B. 操作系统既是系统软件又是应用软件

C. 操作系统是计算机用户与计算机的接口

D. 用户一般通过操作系统使用计算机

5. 调试程序属于(　　)。

A. 应用软件　　　　　　　　　　　　　　B. 系统软件

C. 语言处理程序　　　　　　　　　　　　D. 应用软件包

6. 下列关于 WWW 浏览器的叙述中,不正确的是(　　)。

A. WWW 浏览器是一种客户端软件

B. 通过 WWW 浏览器可以访问 Internet 上的各种信息

C. 通过 WWW 浏览器不可以接收邮件

D. WWW 浏览器基本上都支持多媒体特征

7. Internet 的计算机都遵从相同的通信协议是(　　)。

A. OSI 参考模型中规定的传输层协议　　　B. TCP/IP 传输控制/网间协议

C. IEEE 802.3 系列协议　　　　　　　　D. 帧中继传输协议

8. 对 n 个记录的文件进行归并排序,所需要的辅助存储空间为(　　)。

A. $O(1)$　　　　　　　　　　　　　　　B. $O(n)$

C. $O(\log_2 n)$　　　　　　　　　　　　D. $O(n^2)$

9. 计算机网络的最大优点是(　　)。

A. 共享资源　　　　　　　　　　　　　　B. 增大容量

C. 加快计算　　　　　　　　　　　　　　D. 节省人力

10. 没有字符序列(Q,H,C,Y,P,A,M,S,R,D,F,X),则新序列(F,H,C,D,P,A,M,Q,R,S,Y,X)是下列(　　)排序算法一趟扫描的结果。

A. 起泡排序　　　　　　　　　　　　　　B. 初始步长为 4 的希尔(Shell)排序

C. 二路归并排序　　　　　　　　　　　　D. 以第一个元素为分界元素的快速排序

11. 从单链表中删除指针 s 所指结点的下一个结点 t,其关键运算步骤为(　　)。

A. s↑.link:=t　　　B. t↑.link:=s　　　C. t↑.link:=s↑.link　　　D. s↑.link:=t↑.link

12. 设散列函数为 $H(k)=k \bmod 7$，现欲将关键码 23，14，9，6，30，12，18 依次散列于地址 0~6 中，用线性探测法解决冲突，则在地址空间 0 ~ 6 中，得到的散列表是（　　）。

A. 14,6,23,9,18,30,12　　　　　　　　　　B. 14,18,23,9,30,12,6

C. 14,12,9,23,30,18,6　　　　　　　　　　D. 6,23,30,14,18,12,9

13. 在一棵二叉树上，度为零的结点的个数为 n_0，度为 2 的结点的个数为 n_2，则 n_0 的值为（　　）。

A. n_2+1　　　　　　　　　　　　　　　　B. n_2-1

C. n_2　　　　　　　　　　　　　　　　　D. $n_2/2$

14. 若已知一个栈的人栈序列是 1、2、3、…、n，其输出序列是 p_1，p_2，p_3、…、p_n，则 p_i 为（　　）。

A. i　　　　　　　　　　　　　　　　　　B. $n-i$

C. $n-i+1$　　　　　　　　　　　　　　　D. 不确定

15. 以下关于队列的叙述中哪一个是不正确的（　　）。

A. 队列的特点是先进先出　　　　　　　　　B. 队列既能用顺序方式存储，也能用链接方式存储

C. 队列适用于二叉树对称序周游算法的实现　　D. 队列适用于树的层次次序周游算法的实现

16. （　　）可能引起磁头臂频繁大幅度移动。

A. 先来先服务算法　　　　　　　　　　　　B. 最短寻道时间优先算法

C. 扫描算法　　　　　　　　　　　　　　　D. 旋转调度算法

17. （　　）不是文件的物理结构。

A. 顺序结构　　　　　　　　　　　　　　　B. Hash 结构

C. 索引结构　　　　　　　　　　　　　　　D. 流式结构

18. 就绪队列中有五个进程 P_1，P_2，P_3，P_4 和 P_5，它们的优先数和需要的处理器时间如下表所示。

进程	处理器时间	优先数
P_1	8	3
P_2	1	1
P_3	2	5
P_4	1	4
P_5	5	2

假设优先数小的优先级高，忽略进程调度和切换所花费的时间。采用"不可抢占式最高优先级"调度算法时，进程执行的次序是（　　）。

A. $P_2P_3P_4P_1P_5$　　　　　　　　　　　B. $P_2P_5P_1P_4P_3$

C. $P_3P_4P_1P_5P_2$　　　　　　　　　　　D. $P_3P_2P_5P_1P_4$

19. 当用户程序执行访管指令时，中断装置将使中央处理如何工作（　　）。

A. 维持在目态　　　　　　　　　　　　　　B. 从目态转换到管态

C. 维持在管态　　　　　　　　　　　　　　D. 从管态转换到目态

20. 下列关于中断的叙述中，正确的是（　　）。

A. 各种类型的中断的优先级是平等的

B. 中断就是终止程序运行

C. 当系统发生某事件，CPU 暂停现行程序执行，转去执行相应程序的过程为中断响应

D. 系统在某时正在处理一个中断请求时，不再接受其他任何中断请求

21. 如果允许不同用户的文件可以具有相同的文件名，通常采用哪种形式来保证按名存取的安全（　　）。

A. 重名翻译机构　　　　　　　　　　　　　B. 建立索引表

C. 建立指针　　　　　　　　　　　　　　　D. 多级目录结构

22. 在请求页式存储管理时，缺页中断是指查找页不在（　　）中。

A. 外存　　　　　　　　　　　　　　　　　B. 虚存

C. 内存　　　　　　　　　　　　　　　　　D. 地址空间

23. 当 V 原语对信号量运算之后,错误的是( )。

A. 意味着释放一个资源　　　　　　　　　　B. 当 S<0,其绝对值表示等待该资源的进程数目

C. 当 S<=0,要唤醒一个等待进程　　　　　　D. 当 S<0,要唤醒一个就绪进程

24. 有如下请求磁盘服务的队列,要访问的磁道分别是 98、183、37、122、14、124、65、67。现在磁头在 53 道上,若按最短寻道时间优先法,磁头的移动道数是( )。

A. 234　　　　　　　　　　　　　　　　　　B. 235

C. 236　　　　　　　　　　　　　　　　　　D. 237

25. 事务的 ACID 特性中的 C 的含义是( )。

A. 一致性(Consistency)　　　　　　　　　　B. 临近性(Contiguity)

C. 连续性(Continuity)　　　　　　　　　　　D. 并发性(Concurrency)

26. 采用轮转法调度是为了( )。

A. 多个终端都能得到系统的及时响应　　　　B. 先来先服务

C. 优先级较高的进程得到及时调度　　　　　D. 占用 CPU 时间最短的进程先执行

27. 在一个数据库中,模式的个数( )。

A. 有任意多个　　　　　　　　　　　　　　B. 与用户个数相同

C. 由设置的系统参数决定　　　　　　　　　D. 只有 1 个

28. 在下列解决死锁的方法中,属于死锁预防策略的是( )。

A. 资源有序分配法　　　　　　　　　　　　B. 资源分配图化简法

C. 死锁检测算法　　　　　　　　　　　　　D. 银行家算法

29. 在关系数据库设计中,使每个关系达到 3NF。这是( )设计阶段的任务。

A. 需求分析　　　　　　　　　　　　　　　B. 概念设计

C. 逻辑设计　　　　　　　　　　　　　　　D. 物理设计

30. 下列关于存储管理的叙述中,正确的是( )。

A. 存储管理可合理分配硬盘空间

B. 存储管理可对计算机系统的主存储器空间进行合理的分配和管理

C. 存储管理不能提高主存空间的利用率

D. 存储管理并不能解决"小主存"运行"大程序"的矛盾

31. 下列关于关系模式的码的叙述中,不正确的是( )。

A. 当候选码多于一个时,选定其中一个作为主码

B. 主码可以是单个属性,也可以是属性组

C. 不包含在主码中的属性称为非主属性

D. 若一个关系模式中的所有属性构成码,则称为全码

32. 有如下的关系 R 和 S,且属性 A 是关系 R 的主码,属性 B 是关系 S 的主码。

R

A	B	C
a₁	b₁	5
a₂	b₂	6
a₃	b₃	8
a₄	b₄	12

S

B	E
b₁	3
b₂	7
b₃	10
b₄	2
b₅	2

A	R.B	C	S.B	E
a₁	b₁	5	b₂	7
a₁	b₁	5	b₃	10
a₂	b₂	6	b₂	7
a₂	b₂	6	b₃	10
a₃	b₃	8	b₃	10

若关系 R 和 S 的关系代数操作的结果如表所示,这是执行了( )。

A. R ⋈ S （C<E）　　　　　　　　　　　　B. R ⋈ S （C>E）

C. R ⋈ S （R.B<S.B）　　　　　　　　　　D. R ⋈ S

33. 数据库中,数据的物理独立性是指( )。

A. 数据库与数据库管理系统的相互独立

B. 用户程序与 DBMS 的相互独立

C. 用户的应用程序与存储在磁盘上数据库中的数据相互独立

D. 应用程序与数据库中数据逻辑结构相互独立

34. 设有选修计算机基础的学生关系 R,选修数据库的学生关系 S。求选修了计算机基础而没有选修数据库的学生,则需进行( )运算。

A. 并   B. 差

C. 交   D. 或

35. 下列 SELECT 语句语法正确的是( )。

A. SELECT * FROM 'teacher' WHERE 性别＝'男'

B. SELECT * FROM 'teacher' WHERE 性别＝男

C. SELECT * FROM teacher WHERE 性别＝男

D. SELECT * FROM teacher WHERE 性别＝'男'

36. 通过指针链来表示和实现实体之间联系的模型是( )。

A. 层次型   B. 网状型

C. 关系型   D. 层次型和网状型

37. 在嵌入式 SQL 中,与游标相关的有四个语句,其中使游标定义中 SELECT 语句执行的是( )。

A. DECLARE   B. OPEN

C. FETCH   D. CLOSE

38. 下列不属于 DBMS 数据操纵方面的程序模块的是( )。

A. DDL 翻译程序模块   B. 查询处理程序模块

C. 数据更新程序模块   D. 嵌入式查询程序模块

39. 在 SQL 语言中,为了提高查询速度通常应创建( )。

A. 视图 view   B. 索引 index

C. 游标 cursor   D. 触发器 trigger

40. Oracle 数据库系统物理空间的使用是由下列( )结构控制的。

A. 日志文件   B. 数据缓冲区

C. 模式对象   D. 表空间、段和盘区

41. 关系数据库管理系统应能实现的专门运算包括( )。

A. 排序、索引、统计   B. 选择、投影、连接

C. 关联、更新、排序   D. 显示、打印、制表

42. 下列关于数据操纵模块功能的叙述中,不正确的是( )。

A. 支持对数据的修改   B. 支持数据的检索

C. 支持在数据库中创建视图   D. 支持嵌入式查询

43. 自然联接是构成新关系的有效方法。一般情况下,当对关系 R 和 S 使用自然联接时,要求 R 和 S 含有一个或多个共有的( )。

A. 元组   B. 行

C. 记录   D. 属性

44. 数据库管理系统中( )是事务管理部件的责任。

A. 保持事务的原子性   B. 保持事务的持久性

C. 保持事务的隔离性   D. 保持事务的一致性

45. 数据库系统的并发控制主要方法是采用哪种机制( )。

A. 拒绝   B. 可串行化

C. 封锁   D. 不加任何控制

46.事务的原子性是指(　　)。

A.事务中包括的所有操作要么都做,要么都不做

B.事务一旦提交,对数据库的改变是永久的

C.一个事务内部的操作及使用的数据对并发的其他事务是隔离的

D.事务必须是使数据库从一个一致性状态改变到另一个一致性状态

47.对于共享锁(S)和排他锁(X)来说,下面列出的相容关系中,不正确的是(　　)。

A.S/X:FALSE　　　　　　　　　　　　B.X/X:TRUE

C.S/S:TRUE　　　　　　　　　　　　D.X/S:FALSE

48.规范化过程主要是为了克服数据库逻辑结构中的插入异常、删除异常以及(　　)的缺陷。

A.数据的不一致性　　　　　　　　　　B.结构不合理

C.冗余度大　　　　　　　　　　　　D.数据丢失

49.若关系模式 R 只包含两个属性,则(　　)。

A.R 属于 2NF,但 R 不一定属于 3NF　　　B.R 属于 3NF,但 R 不一定属于 BCNF

C.R 属于 BCNF,但 R 不一定属于 4NF　　D.R 属于 4NF

50.Oracle 的核心是关系型数据库,其面向对象的功能是通过对关系功能的扩充而实现的。这些扩充功能包括(　　)。

Ⅰ.抽象数据类型　　　　　　　　　　Ⅱ.对象视图

Ⅲ.可变数组　　　　　　　　　　　　Ⅳ.嵌套表

Ⅴ.大对象　　　　　　　　　　　　Ⅵ.封装

A.仅Ⅰ、Ⅱ、Ⅲ、Ⅳ和Ⅴ　　　　　　　　B.都包括

C.仅Ⅰ、Ⅱ、Ⅳ和Ⅴ　　　　　　　　　D.仅Ⅰ、Ⅱ、Ⅲ和Ⅳ

51.下列关于函数依赖和多值依赖的叙述中,不正确的是(　　)。

Ⅰ.若 X→Y,则 X→→Y　　　　　　　　Ⅱ.若 X→→Y,则 X→Y

Ⅲ.若 Y⊆X,则 X→Y　　　　　　　　Ⅳ.若 Y⊆X,则 X→→Y

Ⅴ.若 X→Y,Y*⊂Y,则 X→Y*　　　　Ⅵ.若 X→→Y,Y*⊂Y,则 X→→Y*

A.Ⅱ和Ⅳ　　　　　　　　　　　　B.Ⅰ、Ⅲ和Ⅳ

C.Ⅱ和Ⅵ　　　　　　　　　　　　D.Ⅳ和Ⅵ

52.PowerBuilder 是一个(　　)。

A.用于系统实现阶段的开发工具　　　　B.用于系统详细调查阶段的开发工具

C.用于系统逻辑设计阶段的开发工具　　D.用于系统可行性研究阶段的开发工具

53.下列关于模式分解的叙述中,不正确的是(　　)。

A.若一个模式分解保持函数依赖,则该分解一定具有无损连接性

B.若要求分解保持函数依赖,那么模式分解可以达到 3NF,但不一定能达到 BCNF

C.若要求分解既具有无损连接性,又保持函数依赖,则模式分解可以达到 3NF,但不一定能达到 BCNF

D.若要求分解具有无损连接性,那么模式分解一定可以达到 BCNF

54.任何一个二目关系在函数依赖的范畴内必能达到(　　)。

A.1NF　　　　　　B.2NF　　　　　　C.3NF　　　　　　D.BCNF

55.PowerDesigner 中的 MetaWorks 模块的主要功能是(　　)。

A.通过模型共享支持团队工作　　　　　B.用于数据分析和数据发现

C.用于概念层的设计　　　　　　　　D.用于数据仓库的建模

56.目前数据库应用系统开发工具存在的主要问题是(　　)。

A.没有对 Web 应用的支持　　　　　　B.开发过程中涉及过多的技术实现

C.难以适应要求稳定的大规模企业级业务处理　　D.难以快速适应低层技术的更新和业务逻辑的变化

57.能够对 PowerDesigner 中所有的模型信息只读访问的模块是(　　)。

A.Process Analyst　　　　　　　　B.Data Architect

C.Viewer　　　　　　　　　　　　D.WarehouseArchitecture

58.下列关于"分布式数据库系统"的叙述中,错误的是( )。

A.分布式数据库系统中,每一个结点是一个独立的数据库系统

B.任何一个结点上的用户都可以对网络上的任何数据进行访问

C.每一个结点上的新的软件成分,提供必要的合作功能

D.分布式数据库实际上是真实的数据库的物理联合

59.设计概念结构的策略有( )。

Ⅰ.自顶向下　　　　　　　　　　　　Ⅱ.自底向上

Ⅲ.由里向外　　　　　　　　　　　　Ⅳ.由外向里

Ⅴ.混合策略

A.Ⅱ、Ⅲ和Ⅳ　　　　　　　　　　　　B.Ⅰ和Ⅱ

C.Ⅰ、Ⅱ、Ⅲ和Ⅴ　　　　　　　　　　D.以上都正确

60.下面有关对象—关系数据库系统的叙述中,不正确的是( )。

A.一个对象由一组属性和对这组属性进行操作的一组方法构成

B.消息是用来请求对象执行某一操作或回答某些信息的要求

C.方法是用来描述对象静态特征的一个操作序列

D.属性是用来描述属性特征的一数据项

二、填空题

1.为网络数据交换而制定的规则、约定与标准称为网络协议,一个网络协议主要由三个要素组成,即_____、语义与时序。

2.二维数组是一种非线性结构,其中的每一个数组元素最多有_____个直接前驱(或直接后继)。

3.为网络数据交换而制定的规则、约定与标准称为网络协议,一个网络协议主要由三个要素组成,而其中的_____规定了用户控制信息的意义以及完成控制的动作与响应。

4.假设树林 F 中有三棵树,其第一、第二和第三棵树的结点个数分别是 n_1、n_2 和 n_3,则与树林 F 对应的二叉树 B 根结点的右子树上的结点个数是_____。

5.将一个 n 阶三对角矩阵 A 的三条对角线上的元素按行压缩存放于一个一维数组 B 中,A[0][0]存放于 B[0]中。对于任意给定数组元素 A[i][j],它应是数组 A 中第_____行的元素。

6.m 阶 B 树的根结点至少有_____棵子树。

7.链表对于数据元素的插入和删除不需移动结点,只需改变相关结点的_____域的值。

8.在单 CPU 系统中,如果同时存在 12 个并发进程,则处于就绪队列中的进程最多有_____个。

9.在关系数据库的基本操作中,把两个关系中相同属性值的元组连接到一起形成新的二维表的操作称为_____。

10.关系模式规范化需要考虑数据间的依赖关系,人们已经提出了多种类型的数据依赖,其中最重要的是函数依赖和_____。

11.若 D1＝{a_1,a_2,a_3},D2＝{b_1,b_2,b_3},则 D1×D2 集合中共有元组_____个。

12.并行数据库系统通过并行地使用多个_____和磁盘来提高处理速度和 I/O 速度。

13._____是 Oracle 数据库系统的数据仓库解决方案。

14.在定义基本表的 SQL 语句 CREATE TABLE 中,如果要定义某个属性不能取空值,应在该属性后面使用的约束条件短语是_____。

15.视图是_____的表,其内容是根据查询定义的。

16.被认为是真正意义上的安全产品一般其安全级别应达到_____。

17.数据库中,每个事务都感觉不到系统中其他事务在并发地执行,这一特征称为事务的_____。

18.在将关系模式 R<U,F>分解为关系模式 R_1<U_1,F_1>,R_2<U_2,F_2>,…,R_n<U_n,F_n>时,若对于关系模式 R 的任何一个可能取值 r,都有 r＝r_1 * r_2 * …… * r_n,即 r 在 R_1,R_2,…,R_n 上的投影的自然连接等于 r,则称关系模式 R 的这个分解具有_____。

19.数据仓库系统(DWS)由数据源、_____和决策支持工具三部组成。

20.数据库管理系统中,为了保证事务的正确执行,维护数据库的完整性,要求数据库系统维护以下事务特性:_____、一致性、隔离性和持久性。

第4套 笔试考试试题

一、选择题

1.指令系统中不包括的指令类型是( )。

A.存储控制类指令   B.数据传送类指令

C.算术逻辑类指令   D.判定控制类指令

2.计算机存储容量大小为1TB,相当于( )GB。

A.256GB   B.512GB

C.1024GB   D.2048GB

3.下列选项中,不属于广域网的是( )。

A.X.25   B.FDDI

C.ISDN   D.ATM

4.应用层协议不包括( )。

A.用户数据报协议 UDP   B.文件传输协议 FTP

C.域名服务 DNS   D.电子邮件协议 SMTP

5.实施信息认证的方法不包括( )。

A.身份识别   B.消息验证

C.密钥管理   D.数字签名

6.密钥管理包括密钥的产生、存储、装入、分配、保护、丢失、销毁及保密等内容,其中最关键和最难解决的问题是( )问题。

A.解决密钥的丢失和销毁   B.解决密钥的分配和存储

C.解决密钥的产生和装入   D.解决密钥的保护和保密

7.数据结构研究的内容包括( )。

Ⅰ.数据的采集和清洗   Ⅱ.数据的逻辑组织

Ⅲ.数据的集成   Ⅳ.数据的传输

Ⅴ.数据的检索

A.仅Ⅱ和Ⅲ   B.仅Ⅱ和Ⅴ

C.仅Ⅰ、Ⅱ、和Ⅳ   D.仅Ⅰ、Ⅲ和Ⅴ

8.与数据的存储结构无关的术语是( )。

A.顺序表   B.双链表

C.线性表   D.散列表

9.下列关于串的叙述中,正确的是( )。

A.串是由至少一个字符组成的有限序列   B.串是字符的数目,即串的长度

C.串只能顺序存储   D."推入"是串的基本运算之一

第10~11题基于以下描述:有一个初始为空的栈和下面的输入序列 A,B,C,D,E,F。现经过如下操作:push,push,push,top,pop,top,pop,push,pus,top,pop,pop,pop,push。

10.正确地从栈中删除元素的序列是( )。

A.CBE   B.EBD

C.BEDCA   D.CBEDA

11.上述操作序列完成后栈中的元素列表(从底到顶)是( )。

A.F   B.E

C.BEF   D.ADF

< 21 >

12.下列关于二叉树周游的叙述中,说法正确的是( )。

A.若一个结点是某二叉树的对称序最后一个结点,则它必是该二叉树的前序最后一个结点

B.若一个结点是某二叉树的前序最后一个结点,则它必是该二叉树的对称序最后一个结点

C.若一个树叶是某二叉树的对称序最后一个结点,则它必是该二叉树的前序最后一个结点

D.若一个树叶是某二叉树的前序最后一个结点,则它必是该二叉树的对称序最后一个结点

13.按层次次序将一棵有 n 个结点的完全二叉树的所有结点从 1~n 编号,当 $i \leq n/2$ 时,编号为 i 的结点的左子树的编号为( )。

A. $2i-1$ B. $2i$

C. $2i+1$ D.不确定

14.下列关于 B 树和 B+树的叙述中,说法不正确的是( )。

A.B 树和 B+树都是平衡的多路查找树   B.B 树和 B+树都是动态索引结构

C.B 树和 B+树都能有效地支持顺序检索   D.B 树和 B+树都能有效地支持随机检索

15.在待排序文件已基本有序的前提下,下列排序方法中效率最高的是( )。

A.起泡排序   B.直接选择排序

C.快速排序   D.归并排序

16.操作系统对每一种资源的管理所完成的工作包括( )。

Ⅰ.记录资源的使用状况   Ⅱ.确定资源分配策略

Ⅲ.实施资源分配   Ⅳ.收回分配出去的资源

A.仅Ⅰ和Ⅱ   B.仅Ⅲ和Ⅳ

C.仅Ⅰ、Ⅲ和Ⅳ   D.全部

17.属于强迫性中断的中断事件是( )。

Ⅰ.硬件故障中断   Ⅱ.缺页中断

Ⅲ.访管中断   Ⅳ.输入输出中断

A.仅Ⅰ、Ⅱ、Ⅳ   B.仅Ⅰ、Ⅱ和Ⅲ

C.仅Ⅱ、Ⅲ和Ⅳ   D.全部

18.引入多道程序设计技术的目的是( )。

A.提高系统的实时响应速度   B.充分利用内存,有利于数据共享

C.充分利用 CPU,提高 CPU 利用率   D.提高文件系统性能,减少内外存之间的信息传输量

19.为了能对时间紧迫或重要程度高的进程进行调度,应选择的调度算法是( )。

A.先进先出调度算法   B.时间片轮转调度算法

C.基于优先数的抢占式调度算法   D.最短作业优先调度算法

20.下列关于存储管理地址映射的叙述中,说法不正确的是( )。

A.内存的地址是按照物理地址编址的   B.用户程序中使用的是逻辑地址,且从 0 开始编址

C.动态地址映射是在程序执行过程中完成的   D.静态地址映射过程必须有硬件支持

21.有一个虚拟存储系统,分配给某个进程 3 页内存(假设开始时内存为空),页面访问序列是:2,3,2,1,5,2,4,5,3,2,5,2。若采用 LRU 页面淘汰算法,缺页次数为( )次。

A. 4   B. 5

C. 6   D. 7

第 22~23 题基于下列描述:某文件系统中设定的物理块大小为 512 字节。假设一个文件控制块有 48 个字节,符号目录项占 8 字节,其中文件名占 6 字节,文件号占 2 字节;基本目录项占 40 字节。有一个目录文件包含 256 个目录项。

22.在进行目录项分解后,需要( )个物理块存放符号文件。

A. 3   B. 4

C. 5   D. 6

23.在进行目录项分解后,查找一个文件的平均访盘次数为( )。

A. 3.5   B. 6.5   C. 9.5   D. 12.5

24. 下列关于虚设备技术的叙述中,说法不正确的是( )。

A. 虚设备技术是指在一类设备上模拟另一类设备的技术

B. 引入虚设备技术是为了提高设备利用率

C. 采用虚设备技术通常是用低速设备来模拟高速设备

D. SPOOLing 技术是一类典型的虚设备技术

25. 数据库系统的软件平台不包括( )。

A. DBMS 及支持 DBMS 运行的操作系统(OS)或网络操作系统(NOS)

B. 能与数据库接口的高级语言及其编译系统,以及以 DBMS 为核心的应用开发工具

C. 检测、预防和消除计算机系统病毒的软件系统

D. 为特定应用环境开发的数据库应用系统

26. 下列关于数据库数据模型的叙述中,说法不正确的是( )。

A. 任何一张二维表都表示一个关系   B. 层次模型的结构是一棵有向树

C. 网状模型中记录之间的联系是通过指针实现的   D. 在面向对象模型中每一个对象都有一个唯一的标识

27. 20 世纪 70 年代,由数据系统语言研究会(CODASYL)下属的数据库任务组(DBTG)提出的 DBTG 系统方案,是( )数据模型的典型代表。

A. 层次模型   B. 网状模型

C. 关系模型   D. 对象模型

28. 下列关于数据库三级模式结构的叙述中,说法不正确的是( )。

A. 数据库三级模式结构由内模式、模式和外模式组成

B. DBMS 在数据库三级模式之间提供外模式/模式映像和模式/内模式映像

C. 外模式/模式映像实现数据的逻辑独立性

D. 一个数据库可以有多个模式

29. 如果一个关系模式的所有属性的集合是这个关系的主码,则称这样的主码为( )。

A. 全码   B. 参照码

C. 外码   D. 连接码

第 30~32 题基于以下描述:设有供应商关系 S 和零件关系 P 如下图所示。它们的主码分别是"供应商号"和"零件号"。而且,属性"供应商号"是零件关系 P 的外码,属性"颜色"只能取值为'红'、'白'或'兰'。

供应商关系 S:

供应商号	供应商务	所在城市
B01	红星	北京
S10	宇宙	上海
T20	黎明	天津
Z01	立新	重庆

零件关系 P:

零件号	颜色	供应商号
010	红	B01
201	兰	T20
312	白	S10

30. 不能插入到关系 P 中的行是( )。

Ⅰ. ('201', '白', 'S10')   Ⅱ. ('101', '兰', 'S01')

Ⅲ. ('301', '绿', 'B01')

A. 仅Ⅰ   B. 仅Ⅰ和Ⅱ

C. 仅Ⅲ   D. 都不可以

31. 下列关系 S 中的行,可以被删除的是( )。

Ⅰ. ('S10', '宇宙', '上海')   Ⅱ. ('Z01', '立新', '重庆')

A. 仅Ⅰ   B. 仅Ⅱ

C. 都可以   D. 都不可以

32. 下列更新操作可以执行的是( )。

I. UPDATE S SET 所在城市='广州'WHERE 所在城市='北京';

Ⅱ.UPDATE P SET 供应商号＝'B02'WHERE 供应商号＝'B01';

A.仅Ⅰ   B.仅Ⅱ

C.都可以   D.都不可以

33.设关系 R 和 S 具有相同的属性个数,且相应的属性取自同一个域,则{t|t∈R∨t∈S}定义的是(　　)。

A.R-S   B.R∪S

C.R∩S   D.R－(R-S)

34."在课程关系 COURSE 中,增加一门课程:('C01','电子商务','陈伟钢')。用关系代数表达式表示为:COURSE←COURSE∪{('C01','电子商务','陈伟钢')}。这是使用扩展关系操作中的(　　)。

A.广义投影   B.聚集

C.外部并   D.赋值

35.设关系 R、S 和 T 分别如下图所示,其中 T 是 R 和 S 的一种操作结果。则(　　)。

R

A	B	C
a₁	b₁	5
a₁	b₂	6
a₂	b₃	8
a₂	b₄	12

S

B	E
b₁	3
b₂	7
b₃	10
b₃	2
b₅	2

T

A	R.B	C	S.B	E
a₁	b₁	5	b₂	7
a₁	b₁	5	b₃	10
a₁	b₂	6	b₂	7
a₁	b₂	6	b₃	10
a₂	b₃	8	b₃	10

A.T＝RS(C<E)   B.T＝RS(R.B＝S.B)

C.T＝RS   D.T＝R×S

第36～37题基于学生—选课—课程数据库中的3个基本表:

学生信息表:STUDENT(sno、sname、sex、age、dept)主码为 sno

课程信息表:COURSE(cno、cname、teaeher)主码为 cno

学生选课信息表:SC(sno、con、grade)主码为(sno、cno)

36.查询"没有学习成绩的学生的学号和课程号"的 SOL 语句是(　　)。

A.SELECT sno,cno FROM SC WHERE grade＝NULl

B.SELECT sno,cno FROM SC WHERE grade Is'

C.SELECT sno,cno FROM SC WHERE grade IS NULL

D.SELECT sno,cno FROM SC WHERE grade＝''

37.在"查询选修课程号为 C04,且成绩在80分以上的所有学生的学号和姓名"的 SQL 语句中,将使用的表有(　　)。

A.仅 STUDENT   B.仅 STUDENT 和 COURSE

C.仅 STUDENT 和 SC   D.STUDENT、COURSE 和 SC

38.下列关于关系数据库视图的叙述中,说法正确的是(　　)。

Ⅰ.视图是关系数据库三级模式中的内模式

Ⅱ.视图能够对机密数据提供安全保护

Ⅲ.视图提供了一定程度上的数据逻辑独立性

Ⅳ.对视图的一切操作最终要转换为对基本表的操作

Ⅴ.所有的视图都是可以更新的

A.仅Ⅰ、Ⅱ和Ⅲ   B.仅Ⅱ、Ⅲ和Ⅳ

C.Ⅱ、Ⅲ、Ⅳ和Ⅴ   D.都正确

39.SQL 中引入的连接表(joined table)概念允许用户在 SELECT 语句的(　　)子句中指定连接操作。

A.FROM   B.WHERE

C.GROUP BY   D.ORDER BY

40.关系代数有五种基本的操作,其他操作均可以用这五种基本操作来表示,这五种基本操作是( )。

A.并、差、交、投影和选择　　　　　　　　B.并、差、笛卡儿积、投影和选择

C.并、交、连接、投影和选择　　　　　　　D.并、差、交、连接和除

41.与人工管理方法和文件系统方法相比,数据库方法的特征包括( )。

Ⅰ.系统具有自描述特点　　　　　　　　　Ⅱ.数据结构化

Ⅲ.数据共享性高、冗余度小、易扩充　　　Ⅳ.数据独立性高

Ⅴ.数据由 DBMS 统一管理和控制

A.仅Ⅰ、Ⅱ和Ⅲ　　　　　　　　　　　　B.仅Ⅱ、Ⅲ和Ⅳ

C.仅Ⅲ、Ⅳ和Ⅴ　　　　　　　　　　　　D.全部

42.数据库管理系统的主要功能不包括( )。

A.存储管理　　　　　　　　　　　　　　B.查询处理

C.事务管理　　　　　　　　　　　　　　D.数据通信

43.在物理存储器层次结构中,成本最高且速度最快的是( )。

A.高速缓存　　　　　　　　　　　　　　B.主存储器

C.第二级存储器　　　　　　　　　　　　D.第三级存储器

44.下列关于事务 T_1 和 T_2 的两种调度的叙述中,说法正确的是( )。

T_1	T_2	T_1	T_2
		read(A);	
rdad(A);		A:=A-50;	
		write(A);	
A:=A-50;			
write(A);		read(A);	
read(B);		temp:=A×0.1;	
B: =B+50;	read(A);	read(B);	A:=A-temp;
write(B).	temp:=A×0.1;	B:=B+50;	write(A);
	A:=A-temp;	write(B).	
	write(A);		read(B);
	read(B);		B:=B+temp;
	B:=B+temp;		write(B)
	write(B)		
	调度一		调度二

A.调度一和调度二都是并发调度,它们等价　　B.调度一和调度二都是串行调度,它们不等价

C.调度一是串行调度,调度二是并发调度,它们等价　　D.调度一是串行调度,调度二是并发调度,它们不等价

45.如果有两个事务,同时对数据库中同一数据进行操作,不可能引起冲突的操作是( )。

A.其中有一个是 DEIETE　　　　　　　　B.一个是 SELECT,另一个是 UPDATE

C.两个都是 SELECT　　　　　　　　　　D.两个都是 UPDATE

46.关系 DBMS 的发展趋势是( )。

Ⅰ.智能化　　　　　　　　　　　　　　　Ⅱ.集成化

Ⅲ.支持互联网应用　　　　　　　　　　　Ⅳ.产品系列化

Ⅴ.支持扩展关系　　　　　　　　　　　　Ⅵ.保证安全性

A.仅Ⅰ、Ⅱ和Ⅴ　　　　　　　　　　　　B.仅Ⅲ、Ⅳ和Ⅴ

C.仅Ⅰ、Ⅱ、Ⅲ和Ⅳ　　　　　　　　　　D.全部

47. SQL Server 2000 系统数据库 MASTER 的主要功能是(   )。

A. 控制用户数据库和 SQL Server 的整体运行　　B. 为创建新的用户数据库提供模板或原型

C. 为临时表或其他临时工作区提供存储区域　　D. 为调度信息和作业历史提供存储区域

48. 下列关于 Oracle 数据库系统的表空间的叙述中,说法不正确的是(   )。

A. 表空间是逻辑存储单元

B. 每一个 Oracle 数据库只有一个表空间

C. 每个表空间可创建一个或多个数据文件

D. 一个 Oracle 数据库的总存储容量是该数据库的所有表空间的存储容量之和

49. 下列关于 SQL Server 数据库管理系统权限的叙述中,说法不正确的是(   )。

A. SQL Server 数据库管理系统的权限分为服务器权限和数据库权限两种

B. 数据库管理员执行数据库管理任务,这属于数据库权限

C. 数据库权限又可以分为数据库对象权限和数据库语句权限两种

D. 数据库语句权限授予用户以允许他们创建数据库对象

50. 由于关系模式设计不当所引起的问题不包括(   )。

A. 数据冗余　　　　　　　　　　　　　　B. 插入异常

C. 更新异常　　　　　　　　　　　　　　D. 丢失修改

51. 下列选项中不属于 Armstrong 公理系统中的基本推理规则的是(   )。

A. 若 Y⊆X,则 X→Y　　　　　　　　　　B. 若 X→Y,则 XZ→YZ

C. 若 X→Y,且 Z⊆Y,则 X→Z　　　　　　D. 若 X→Y,且 Y→Z,则 X→Z

52. 下列关于函数依赖和多值依赖的叙述中,说法不正确的是(   )。

Ⅰ. 若 X→Y,则 x→→Y　　　　　　　　　Ⅱ. 若 X→→Y,则 X→Y

Ⅲ. 若 Y⊆X,则 X→Y　　　　　　　　　　Ⅳ. 若 Y⊆X,则 X→→Y

Ⅴ. 若 X→Y,Y'<Y,则 X→Y'　　　　　　Ⅵ. 若 X→→Y,Y'⊂Y 则 x→→Y'

A. 仅Ⅱ、Ⅳ和Ⅴ　　　　　　　　　　　　B. 仅Ⅰ、Ⅲ和Ⅳ

C. 仅Ⅱ和Ⅵ　　　　　　　　　　　　　　D. 仅Ⅳ和Ⅵ

53. 下列关于规范化理论的叙述中,说法不正确的是(   )。

A. 规范化理论是数据库设计的理论基础

B. 规范化理论最主要的应用是在数据库概念结构设计阶段

C. 规范化理论最主要的应用是在数据库逻辑结构设计阶段

D. 在数据库设计中,有时会降低规范化程度来实现高查询性能

54. 若关系模式 R 中只包含两个属性,则(   )。

A. R 肯定属于 2NF,但 R 不一定属于 3NF　　B. R 肯定属于 3NF,但 R 不一定属于 BCNF

C. R 肯定属于 BCNF,但 R 不一定属于 4NF　　D. R 肯定属于 4NF

55. 下列关于模式分解的叙述中,说法正确的是(   )。

Ⅰ. 若一个模式分解具有无损连接性,则该分解一定保持函数依赖

Ⅱ. 若一个模式分解保持函数依赖,则该分解一定具有无损连接性

Ⅲ. 模式分解可以做到既具有无损连接性,又保持函数依赖

Ⅳ. 模式分解不可能做到既具有无损连接性,又保持函数依赖

A. 仅Ⅰ和Ⅲ　　　　　　　　　　　　　　B. 仅Ⅱ和Ⅳ

C. 仅Ⅲ　　　　　　　　　　　　　　　　D. 仅Ⅳ

56. 下列关于 E-R 模型向关系模型转换的叙述中,说法不正确的是(   )。

A. 一个实体类型转换成一个关系模式,关系的码就是实体的码

B. 一个 1:n 联系转换为一个关系模式,关系的码是 1:n 联系的一端实体的码

C. 一个 m:n 联系转换为一个关系模式,关系的码为各实体码的组合

D. 3 个或 3 个以上实体间的多元联系转换为一个关系模式,关系的码为各实体码的组合

57. Power Designer 中的 Process Analyst 模块的主要功能是（   ）。

A. 用于物理数据库的设计和应用对象及数据组件的生成

B. 用于数据分析和数据发现，可描述复杂的处理模型

C. 用于数据仓库和数据集的建模和实现

D. 提供了对 PowerDesigner 所有模型信息的只读访问

58. 下列软件结构图表示的是浏览器/服务器模式的（   ）。

客户机浏览器 →HTTP→ Web服务器 →ASP/JSP→ 应用服务器 →数据库访问中间件→ 数据库服务器

A. 以 Web 服务器为中心的软件结构

B. 以应用服务器为中心的软件结构——基于构件的方式

C. 以应用服务器为中心的软件结构——基于脚本的方式

D. 以数据库服务器为中心的软件结构

59. 分布式数据库管理系统在集中式数据库管理系统功能之外提供的附加功能包括（   ）。

Ⅰ.事务处理   Ⅱ.分布式查询处理

Ⅲ.复制数据的管理   Ⅳ.分布式数据库安全

Ⅴ.分布式目录管理

A. 仅Ⅰ、Ⅱ和Ⅴ   B. 仅Ⅲ、Ⅳ和Ⅴ

C. 仅Ⅱ、Ⅲ、Ⅳ和Ⅴ   D. 全部

60. 下列关于数据挖掘的叙述中，说法不正确的是（   ）。

A. 数据挖掘被认为是知识发现过程中的一个特定步骤

B. 数据挖掘使用专门的算法从数据中抽取有用的模式

C. 关联规则的发现是数据挖掘的目标之一

D. "可信度"表示规则所代表的事例(元组)占全部事例(元组)的百分比

二、填空题

1. 在 WWW 环境中，信息页由_____语言来实现。

2. Internet 通过_____将分布在世界各地的数以万计的广域网、城域网与局域网互联起来。

3. 在链式存储结构中，用_____来体现数据元素之间逻辑上的联系。

4. 设散列表的地址空间为 0 到 12，散列函数为 h(k)＝k mod 13，用线性探查法解决碰撞。现从空的散列表开始，依次插入关键码值 14,95,24,61,27,82,69，则最后一个关键码 69 的地址为_____。

5. 设根结点的层次为 0，则高度为 k 的二叉树的最大结点数为_____。

6. 进程的三种基本状态包括_____态、运行态和等待态。

7. 进行地址映射时，当硬件从页表中查出要访问的页面不在内存，则产生_____中断。

8. 在文件系统中，将逻辑上连续的文件分散存放在若干不连续的物理块中，系统为每个文件建立一张表，记录文件信息所在的逻辑块号和与之对应的物理块号。这种文件的物理结构称为_____结构。

9. 数据是信息的符号表示(或称载体)；信息是数据的内涵，是数据的语义解释。例如，"我国的人口已经达到 13 亿"，这是_____。

10. 在 SQL 语言中，如果要对一个基本表增加列和完整性约束条件，应该使用 SQL 语言的_____语句。

11. "学生—选课—课程"数据库中的三个关系是：

S(sno,sname,sex,age,dept),C(cno,cname,teacher),SC(sno,cno,grade)

查找选修"数据库技术"课程的学生的姓名和成绩，用关系代数表达式可表示为 π_____ (S ⋈ (SC ⋈ σ_{cname}＝"数据库技术"(C)))

12. _____SQL 语句是指在程序编译时尚未确定，其中有些部分需要在程序的执行过程中临时生成的 SQL 语句。

13. 支持对所要求的数据进行快速定位的附加数据结构称为_____。

14. 实现选择运算的最直接的方法是_____扫描，即依次访问表的每一个块，对于块中的每一个元组，测试它是否满足选择条件。

15. Oracle 提供的 CASE 工具是_____。

16. Oracle9i 是指 Oracle9i 数据库、Oracle9i _____和 Oracle9i Developer Suite 的完整集成。

17. 若 X→Y,且存在 X 的真子集 X',X'→Y,则称 Y 对 X _____函数依赖。

18. 存取方法设计是数据库设计中_____结构设计阶段的任务。

19. 面向对象数据库的数据模型中的三个最基本的类型构造器是原子_____和集合。

20. 从 WWW 的资源和行为中抽取感兴趣的、有用的模式或隐含的信息的过程,称为_____挖掘。

第5套 笔试考试试题

一、选择题

1. 数字信号处理器由于在其内部设计了能够高速处理多路数字信号的电路,可以用在需要快速处理大量复杂数字信号的领域。下列( )设备不需要数字信号处理器。

A. 雷达 B. 彩色电视机

C. 数字音视频设备 D. 数字图像处理设备

2. 八进制数 1507 转换成十进制数是( )。

A. 838 B. 839

C. 840 D. 841

3. 数据报要求从源主机出发,最终到达目的主机。下列( )设备可为数据报选择输出路径,将它从一个网络传送到另一个网络。

A. 通信线路 B. 路由器

C. WWW 服务器 D. 调制解调器

4. 当电子邮件软件从邮件服务器读取邮件时,可以使用下列( )协议。

Ⅰ. 简单邮件传输协议 SMTP Ⅱ. 邮局协议 POP3

Ⅲ. 交互式邮件存取协议 IMAP

A. 仅Ⅰ B. 仅Ⅱ

C. 仅Ⅱ和Ⅲ D. 仅Ⅰ和Ⅲ

5. 在下载的普通程序中隐含了一些非法功能的代码,用于窃取用户私密信息或执行其他恶意程序,这种恶意软件的攻击方式称为( )。

A. 特洛伊木马 B. 后门陷阱

C. 逻辑炸弹 D. 僵尸网络

6. 下列关于 ADSL 技术的叙述中,( )是正确的。

Ⅰ. 它是在普通电话线上的一种新的高速宽带技术 Ⅱ. 它为用户提供上、下行对称的传输速率

Ⅲ. ADSL 宽带接入方式可用于网络互连业务

A. 仅Ⅰ和Ⅱ B. 仅Ⅱ和Ⅲ

C. 仅Ⅰ和Ⅲ D. 全部

7. 数据结构概念一般包括三个方面的内容,它们是( )。

A. 数据的逻辑结构、数据的传输结构、数据的分析挖掘

B. 数据的逻辑结构、数据的存储结构、数据的运算

C. 数据的存储结构、数据的展示方式、数据的运算

D. 数据的传输结构、数据的展示方式、数据的分析挖掘

8. 下列关于链式存储结构的叙述中,( )是不正确的。

Ⅰ. 逻辑上相邻的结点物理上不必邻接 Ⅱ. 每个结点都包含恰好一个指针域

Ⅲ. 用指针来体现数据元素之间逻辑上的联系 Ⅳ. 结点中的指针都不能为空

Ⅴ. 可以通过计算直接确定第 i 个结点的存储地址

A. 仅Ⅰ、Ⅱ和Ⅲ B. 仅Ⅰ、Ⅲ和Ⅳ

C. 仅Ⅱ、Ⅲ和Ⅴ D. 仅Ⅱ、Ⅳ和Ⅴ

9. 栈结构不适用于下列( )应用。

A. 表达式求值 B. 树的层次次序周游算法的实现

C. 二叉树对称序周游算法的实现 D. 快速排序算法的实现

10.下列( )不是队列的基本运算。

A. 从队尾插入一个新元素 　　　　　　　　B. 判断一个队列是否为空

C. 从队列中删除第 i 个元素 　　　　　　　D. 读取队头元素的值

11.按行优先顺序存储下三角矩阵

$$Am \begin{bmatrix} a_{11} & 0 & \cdots & 0 \\ a_{21} & a_{22} & \cdots & 0 \\ \vdots & \vdots & \vdots & \vdots \\ a_{n1} & a_{n2} & \cdots & a_{nn} \end{bmatrix}$$

的非零元素,则计算非零元素 a_{ij} ($1 \leqslant j \leqslant i \leqslant n$)的地址的公式为( )。

A. $LOC(a_{ij}) = LOC(a_{11}) + i \times (i+1)/2 + j$ 　　　B. $LOC(a_{ij}) = LOC(a_{11}) + i \times (i+1)/2 + (j-1)$

C. $LOC(a_{ij}) = LOC(a_{11}) + i \times (i-1)/2 + j$ 　　　D. $LOC(a_{ij}) = LOC(a_{11}) + i \times (i-1)/2 + (j-1)$

12.在包含 1000 个元素的线性表中实现如下各运算,( )所需的执行时间最短。

A. 线性表按顺序方式存储,查找关键码值为 900 的结点

B. 线性表按链接方式存储,查找关键码值为 900 的结点

C. 线性表按顺序方式存储,查找线性表中第 900 个结点

D. 线性表按链接方式存储,查找线性表中第 900 个结点

13.下列关于二叉树的叙述中,( )是正确的。

A. 二叉树是结点的有限集合,这个集合不能为空集

B. 二叉树是树的特殊情况,即每个结点的子树个数都不超过 2

C. 二叉树的每个非叶结点都恰有两棵非空子树

D. 每一棵二叉树都能唯一地转换到它所对应的树(林)

14.设有字符序列(Q,H,C,Y,P,A,M,S,R,D,F,X),则新序列(H,C,Q,P,A,M,S,R,D,F,X,Y)是下列( )排序算法一趟扫描的结果。

A. 起泡排序 　　　　　　　　　　　　　　B. 初始步长为 4 的希尔排序

C. 二路归并排序 　　　　　　　　　　　　D. 堆排序

15.对 n 个记录的文件进行快速排序,平均执行时间为( )。

A. $O(\log_2 n)$ 　　　　　　　　　　　　B. $O(n)$

C. $O(n\log_2 n)$ 　　　　　　　　　　　D. $O(n^2)$

16.下列( )不是网络操作系统应该支持的功能。

A. 网络管理 　　　　　　　　　　　　　　B. 网络通信

C. 资源共享 　　　　　　　　　　　　　　D. 负载均衡

17.下列指令中,( )不是特权指令。

A. 访管指令 　　　　　　　　　　　　　　B. 启动设备指令

C. 设置时钟指令 　　　　　　　　　　　　D. 停机指令

18.一个进程从运行态转换为就绪态的原因是( )。

A. 该进程执行时出错 　　　　　　　　　　B. 该进程等待某个资源

C. 该进程用完分配的时间片 　　　　　　　D. 该进程等待的资源变为可用

19.读者写者问题的解决方案如下所示。

Begin

　_____① ;

　read_count: = read_count+1;

　if read_count=1

　　then P(write);

　_____② ;

　读文件;

```
        ③     ；
    read_count：＝read_count－i；
    if read_count＝0
        then V(write)；
        ④     ；
End
```

假设信号量 mutex 表示对 read_count 共享变量所关注的互斥区进行互斥,那么,①、②、③和④处应该填写的语句是(　　)。

A. P(mutex)、P(mutex)、V(mutex)、V(mutex)

B. P(mutex)、V(mutex)、P(mutex)、V(mutex)

C. V(mutex)、V(mutex)、P(mutex)、P(mutex)

D. V(mutex)、P(mutex)、V(mutex)、P(mutex)

20. 下列(　　)不是存储管理的任务。

A. 内存共享　　　　　　　　　　　　　　B. 存储保护

C. 地址映射　　　　　　　　　　　　　　D. 指针定位

21. 下列关于工作集模型的叙述中,(　　)是不正确的。

A. 每个进程有一个工作集　　　　　　　　B. 工作集大小与缺页率无关

C. 工作集大小是可以调整的　　　　　　　D. 工作集模型可以解决系统的颠簸(抖动)问题

22. 下列关于文件结构的叙述中,(　　)是正确的。

Ⅰ. 源程序、目标代码等文件属于流式文件　　Ⅱ. 每个记录包含一个记录键和其他属性

Ⅲ. 记录式文件中的记录都是定长的

A. 仅Ⅰ　　　　　　　　　　　　　　　　B. 仅Ⅰ和Ⅱ

C. 仅Ⅱ和Ⅲ　　　　　　　　　　　　　　D. 仅Ⅰ和Ⅲ

23. 如果某一个文件的物理结构采用的是 UNIX 的三级索引结构,如图所示。假设一个物理块可以存放 128 个块号,要查找块号为 15000 的物理块,需要用(　　)索引表。

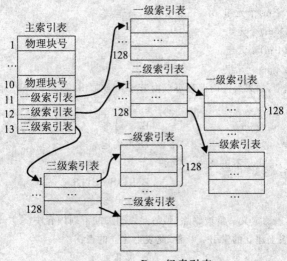

A. 主索引表　　　　　　　　　　　　　　B. 一级索引表

C. 二级索引表　　　　　　　　　　　　　D. 三级索引表

24. 磁盘驱动调度中的移臂调度的目标是减少(　　)。

A. 磁头寻道时间　　　　　　　　　　　　B. 旋转延迟时间

C. 数据传输时间　　　　　　　　　　　　D. 中断处理时间

25. 以树形结构表示实体及实体之间联系的数据模型是(　　)。

A. 层次模型　　　　　　　　　　　　　　B. 网状模型

C. 关系模型　　　　　　　　　　　　　　D. 面向对象模型

26. 在一个数据库中,模式与内模式的映像个数是（　　）。

A. 一个　　　　　　　　　　　　　　　　B. 与用户个数相同

C. 由设置的系统参数决定　　　　　　　　D. 任意多个

27. 在嵌入式 SQL 中,与游标相关的有四个语句,它们中（　　）执行游标定义中的 SELECT 语句。

A. DECLARE　　　　　　　　　　　　　　B. OPEN

C. FETCH　　　　　　　　　　　　　　　D. CLOSE

28. 信息是有价值的,信息的价值主要与下列（　　）因素有关。

Ⅰ. 准确性　　　　　　　　　　　　　　　Ⅱ. 及时性

Ⅲ. 完整性　　　　　　　　　　　　　　　Ⅳ. 可靠性

Ⅴ. 可移植性

A. 仅Ⅰ、Ⅱ和Ⅲ　　　　　　　　　　　　B. 仅Ⅰ、Ⅱ、Ⅲ和Ⅳ

C. 仅Ⅱ、Ⅲ、Ⅳ和Ⅴ　　　　　　　　　　D. 都相关

29. 设有关系 SC(SNO,CNO,GRADE),其主码是(SNO,CNO)。遵照实体完整性规则（　　）。

A. 只有 SNO 不能取空值　　　　　　　　B. 只有 CNO 不能取空值

C. 只有 GRADE 不能取空值　　　　　　　D. SNO 与 CNO 都不能取空值

30. 如果对关系 emp(eno,ename,salary)成功执行下面的 SQL 语句

CREATE CLUSTER INDEX name_index ON emp(salary)

对此结果的正确描述是（　　）。

A. 在 emp 表上按 salary 升序创建了一个唯一索引

B. 在 emp 表上按 salary 降序创建了一个唯一索引

C. 在 emp 表上按 salary 升序创建了一个聚簇索引

D. 在 emp 表上按 salary 降序创建了一个聚簇索引

31. 设关系 R 和 S 的元数分别是 r 和 s,且 R 有 n 个元组,S 有 m 个元组。执行关系 R 和 S 的笛卡儿积,记为 T＝R×S,则（　　）。

A. T 的元数是(r×s),且有(n＋m)个元组

B. T 的元数是(r×s),且有(n×m)个元组

C. T 的元数是(r＋s),且有(n＋m)个元组

D. T 的元数是(r＋s),且有(n×m)个元组

32. 设课程和教师是两个实体型,如果每一门课程可以由若干位教师讲授,每一位教师可以讲授若干门课程,则课程与教师这两个实体型之间的联系是（　　）。

A. 一对一　　　　　　　　　　　　　　　B. 一对多

C. 多对多　　　　　　　　　　　　　　　D. 不确定

33. 在关系代数中,下列（　　）等式是不正确的。

A. R＝SR　　　　　　　　　　　　　　　B. R∪S＝S∪R

C. R×S＝S×R　　　　　　　　　　　　　D. RS＝SR

34. 在 SQL 语言中,一个基本表的定义一旦被删除,则与此表相关的下列内容中（　　）也自动被删除或失效。

Ⅰ. 此表中的数据　　　Ⅱ. 此表上建立的索引　　　Ⅲ. 此表上建立的视图

A. 仅Ⅰ　　　　　　　　　　　　　　　　B. 仅Ⅱ

C. 仅Ⅲ　　　　　　　　　　　　　　　　D. 全部

第 35～36 题基于"学生—选课—课程"数据库中的三个关系:

S(S＃,SNAME,SEX,AGE),SC(S＃,c＃,GRADE),C(C＃,CNAME,TEACHER)它们的主键用下画线标出。

35. 定义一个反映学生姓名及他的平均成绩的视图将使用关系（　　）。

A. S 和 C　　　　　　　　　　　　　　　B. SC 和 C

C. S 和 SC　　　　　　　　　　　　　　D. S,SC 和 C

36."查询选修了三门以上课程的学生的学生号",正确的 SQL 语句是(　　)。

A. SELECT S# FROM SC GROUP BY S# WHERE COUNT()＞3

B. SELECT S# FROM SC GROUP BY S# HAVING COUNT()＞3

C. SELECT S# FROM SC ORDER BY S# HAVING COUNT()＞3

D. SELECT S# FROM SC ORDER BY S# WHERE COUNT()＞3

37.下列(　　)视图上可以进行插入、删除和更新操作。

A. 带表达式的视图　　　　　　　　　　B. 连接视图

C. 行列子集视图　　　　　　　　　　　D. 分组视图

38.下列关于 E-R 图的叙述中,(　　)是不正确的。

A. 实体型用矩形表示,属性用椭圆形表示,联系型用菱形表示

B. 实体型之间的联系可以分为 1∶1、1∶n 和 m∶n 三类

C. 1∶1 联系是 1∶n 联系的特例,1∶n 联系是 m∶n 联系的特例

D. 实体型之间的联系只存在于两个实体型之间

39.下列叙述中,(　　)是 SQL 的功能特点。

Ⅰ. 集 DDL、DML 和 DCL 功能于一体　　　Ⅱ. 是高度非过程化语言

Ⅲ. 采用面向集合的操作方式　　　　　　Ⅳ. 具有自含式和嵌入式两种灵活的使用方式

Ⅴ. 语言简洁、易学易用、功能强

A. 仅Ⅰ、Ⅱ和Ⅲ　　　　　　　　　　B. 仅Ⅱ、Ⅲ、Ⅳ和Ⅴ

C. 仅Ⅰ、Ⅳ和Ⅴ　　　　　　　　　　D. 全部

40.下面是 SQL 主要数据定义语句列表,其中(　　)行是正确的。

操作对象	操作方式		
	创建	删除	修改
模式	CREATE SCHEMA	DROP SCHEMA	ALTER SCHEMA
基本表	CREATE TABLE	DROP TABLE	ALTER TABLE
视图	CREATE VIEW	DROP VIEW	ALTER VIEW
索引	CREATE INDEX	DROP INDEX	ALTER INDEX
域	CREATE DOMAIN	DROP DOMAIN	ALTER DOMAIN

A. 仅"模式"行　　　　　　　　　　　B. 仅"基本表"行

C. 仅"视图"行和"索引"行　　　　　　D. 所有行

41.设关系 R、S 和 T 如下。关系 T 是关系 R 和 S 执行(　　)操作的结果。

关系 R

W	X	Y
a	b	c
b	b	f
c	a	d

关系 S

W	X	Y
b	c	d
a	d	b
e	f	g

关系 T

W	X	Y	Z
a	b	c	d
c	a	d	b
b	b	f	null
null	e	f	g

A. 自然连接　　　　　　　　　　　　　B. 外部并

C. 半连接　　　　　　　　　　　　　　D. 外连接

42.在物理存储器层次结构中,下列(　　)存储设备是联机存储。

A. 高速缓存　　　　　　　　　　　　　B. 主存储器

C. 第二级存储器　　　　　　　　　　　D. 第三级存储器

43.数据库中为了将大小不同的记录组织在同一个磁盘块中,常采用分槽的页结构。结构的块头中不包括(　　)。

A. 块中记录的数目　　　　　　　　　　B. 读取时需要的缓存大小

C. 块中空闲空间的末尾指针　　　　　　　　　　D. 由包含记录位置和大小的条目组成的数组

44. 下列关于索引的叙述中,(　　)是不正确的。

A. 顺序索引能有效地支持点查询　　　　　　　　B. 顺序索引能有效地支持范围查询

C. 散列索引能有效地支持点查询　　　　　　　　D. 散列索引能有效地支持范围查询

45. 下列关于基于日志的故障恢复的叙述中,(　　)是不正确的。

A. 日志是日志记录的序列,它记录了数据库中的所有更新活动

B. 日志记录中包括事务提交日志记录:＜Ti commit＞

C. 利用更新日志记录中的改前值可以进行 UNDO

D. 事务故障恢复只需要正向扫描日志文件

46. 下列(　　)不属于 SQL 2000 服务器端提供的服务。

A. SQL 服务器服务　　　　　　　　　　　　　B. SQL 服务器代理

C. 查询分析器服务　　　　　　　　　　　　　D. 分布式事务协调服务

47. 下列(　　)属于 SQL Server 2000 中常用的数据库对象。

Ⅰ. 表　　　　　　　　　　　　　　　　　　　Ⅱ. 约束

Ⅲ. 规则　　　　　　　　　　　　　　　　　　Ⅳ. 索引

Ⅴ. 数据类型　　　　　　　　　　　　　　　　Ⅵ. 用户自定义函数

A. 仅Ⅰ、Ⅱ、Ⅲ和Ⅳ　　　　　　　　　　　　B. 仅Ⅰ、Ⅳ、Ⅴ和Ⅵ

C. 仅Ⅰ、Ⅱ、Ⅳ和Ⅵ　　　　　　　　　　　　D. 全部

48. 下列(　　)不属于 Oracle 实例。

A. 存储数据的集合　　　　　　　　　　　　　B. 系统全局区

C. 用户进程　　　　　　　　　　　　　　　　D. Oracle 进程

49. Oracle 引入了新的数据类型可以存储极大的对象。其中,BLOB 的中文解释为(　　)。

A. 二进制数据型大对象　　　　　　　　　　　B. 字符数据型大对象

C. 存储在数据库之外的只读型二进制数据文件　　D. 固定宽度的多字节字符数据型大对象

50. 下列(　　)不属于数据库设计的任务。

Ⅰ. 数据库物理结构设计　　　　　　　　　　　Ⅱ. 数据库逻辑结构设计

Ⅲ. 数据库概念结构设计　　　　　　　　　　　Ⅳ. 数据库应用结构设计

Ⅴ. 数据库管理系统设计

A. 仅Ⅰ和Ⅱ　　　　　　　　　　　　　　　　B. 仅Ⅱ和Ⅲ

C. 仅Ⅲ和Ⅳ　　　　　　　　　　　　　　　　D. 仅Ⅳ和Ⅴ

51. 下列(　　)不是概念模型应具备的性质。

A. 有丰富的语义表达能力　　　　　　　　　　B. 在计算机中实现的效率高

C. 易于向各种数据模型转换　　　　　　　　　D. 易于交流和理解

52. 下列关于函数依赖的叙述中,(　　)是不正确的。

A. 若 $X \to Y, Y \to Z,$ 则 $X \to Z$　　　　　　　B. 若 $X \to Y, Y' \subset Y,$ 则 $X \to Y'$

C. 若 $X \to Y, X' \subset X,$ 则 $X' \to Y$　　　　　　D. 若 $X' \subset X,$ 则 $X \to X'$

53. 设有关系模式 R(X,Y,Z),其中 X、Y、Z 均为属性或属性组。下列关于多值依赖的叙述中,(　　)是正确的。

Ⅰ. 若 $X \to\to Y,$ 则 $X \to Y$　　　　　　　　　　Ⅱ. 若 $X \to Y,$ 则 $X \to\to Y$

Ⅲ. 若 $X \to\to Y,$ 且 $Y' \subset Y,$ 则 $X \to\to Y'$　　　Ⅳ. 若 $X \to Y,$ 则 $X \to\to Z$

A. 仅Ⅱ　　　　　　　　　　　　　　　　　　B. 仅Ⅲ

C. 仅Ⅰ和Ⅲ　　　　　　　　　　　　　　　　D. 仅Ⅱ和Ⅳ

54. 若关系模式 R 中没有非主属性,则(　　)。

A. R 肯定属于 2NF,但 R 不一定属于 3NF　　　　B. R 肯定属于 3NF,但 R 不一定属于 BCNF

C. R 肯定属于 BCNF,但 R 不一定属于 4NF　　　D. R 肯定属于 4NF

第55—56题基于以下描述:有关系模式 P(A,B,C,D,E,F,G,H,I,J),根据语义有函数依赖集 F＝{ABD→E,AB→G;B→F,C→J,C→I,G→H}。

55.关系模式 P 的码为( )。

A.(A,B,C,G)   B.(A,B,D,I)

C.(A,C,D,G)   D.(A,B,C,D)

56.现将关系模式 P 分解为两个关系模式 P1(A,B,D,E,F,G,H)和 P2(C,I,J)。这个分解( )。

A.不具有无损连接性,不保持函数依赖   B.具有无损连接性,不保持函数依赖

C.不具有无损连接性,保持函数依赖   D.具有无损连接性且保持函数依赖

57.下列关于以 Web 服务器为中心的浏览器/服务器模式的叙述中,( )是不正确的。

A.与传统的客户机/服务器结构相比较,Web 服务器负载过重

B.与传统的客户机/服务器结构相比较,HTTP 的效率低

C.服务器扩展程序主要使用 CGI 和 WebAPI 两种编程接口编写

D.CGI 在执行时动态加载到 Web 服务器进程内

58.下列关于 Visual Studio 2008 的叙述中,( )是不正确的。

A.Visual Studio 2008 彻底解决了需要绑定一个特定版本的 CLR(通用语言框架机制)的问题

B.Visual Studio 2008 实现了 Dreamweaver 网页编辑的功能

C.Visual Studio 2008 对 AJAX 和 JavaScript 提供了更丰富的支持

D.Visual Studio 2008 允许编写使用 LINQ 的代码

59.下列关于分布式数据库系统的叙述中,( )是不正确的。

A.每一个结点是一个独立的数据库系统

B.具有位置透明性、复制透明性和分片透明性等

C.有关数据分片、分配和副本的信息存储在局部目录中

D.对于并发控制和恢复,分布式 DBMS 环境中会出现大量的在集中式 DBMS 环境中碰不到的问题

60.下列关于面向对象数据库和关系数据库系统的叙述中,( )是不正确的。

A.面向对象数据库设计与关系数据库设计之间一个最主要的区别是如何处理联系

B.面向对象数据库设计与关系数据库设计中,处理继承的方法是相同的

C.在面向对象数据库中,通过使用继承构造来获得映射

D.在面向对象数据库中,联系是通过使用联系特性或包括相关对象的对象标识符的参照属性来处理的

二、填空题

1.为了改变指令系统计算机指令过多的状态而设计的一种计算机系统结构称为精简指令系统计算机,其英文缩写为_____。

2.标准的 URL 由三部分组成:协议类型、_____和路径/文件名。

3.对线性表进行二分法检索,其前提条件是线性表以_____方式存储,并且按关键码值排好序。

4.霍夫曼算法是求具有最_____带权外部路径长度的扩充二叉树的算法。

5.m 阶 B 树的根结点至多有_____棵子树。

6._____是操作系统向用户提供的程序级服务,用户程序借助它可以向操作系统提出各种服务请求。

7.最著名的死锁避免算法是_____算法。

8.可以采用虚拟设备技术来提高独占设备的利用率,所采用的具体技术称为_____技术。

9.根据抽象的层面不同,数据模型可分为:概念层模型、_____层模型和物理层模型。

10.关系数据模型的完整性约束主要包括:域完整性约束、实体完整性约束和_____完整性约束三类。

11.动态 SQL 语句是指在 SQL 程序编译时其中有些部分尚未确定,需要在程序的_____过程中临时生成的 SQL 语句。

12.在关系代数中,从两个关系的笛卡儿积中选取它们的属性或属性组间满足一定条件的元组得到新的关系的操作称为_____。

13.选择逻辑查询计划和选择物理查询计划的步骤称为查询_____。

14. 多个事务在某个调度下的执行是正确的,是能保证数据库一致性的,当且仅当该调度是_____的。

15. Oracle 针对 Internet/Intranet 的产品是 Oracle _____。

16. 抽象数据类型是一种用户定义的对象数据类型,它由对象的_____及其相应的方法组成。

17. 若 X→Y,且 Y? X,则称 X→Y 为_____的函数依赖。

18. 如果关系模式 R 的规范化程度达到了 4NF,则 R 的属性之间不存在非平凡且非_____的多值依赖。

19. 一个多媒体数据库必须采用一些模型使其可以基于_____来组织多媒体数据源,并为它们建立相应的索引。

20. 数据集市是一种更小、更集中的_____,它为公司提供了分析商业数据的一条廉价途径。

第6套 笔试考试试题

一、选择题

1. 服务器程序是一类辅助性程序,它提供各种软件运行时所需的服务,下面( )属于服务程序。

A. 语言处理程序
B. 调试程序

C. 操作系统
D. 数据库管理系统

2. 八进制数 67.54 转换成二进制数是( )。

A. 110111.101101
B. 110111.101100

C. 110110.101100
D. 110110.101101

3. 在办公自动化环境中得到广泛应用,能实现高速数据传输的是( )。

A. 以太网
B. ATM 网

C. X. 25
D. 帧中继

4. 下列关于 ADSL 技术的叙述中,( )是正确的。

Ⅰ. 利用 ADSL 技术可以接入 Internet

Ⅱ. ADSL 技术利用现有的一对电话铜线,为用户提供上、下行对称的传输速率

Ⅲ. 用户可以通过 ADSL 宽带接入方式进行网上聊天

A. 仅Ⅰ和Ⅱ
B. 仅Ⅰ和Ⅲ

C. 仅Ⅱ和Ⅲ
D. 都正确

5. 下列关于搜索引擎的叙述中,( )是正确的。

Ⅰ. 搜索引擎主动搜索 WWW 服务中的信息

Ⅱ. 当用户给出要查找信息的关健字后,搜索引擎会返回给用户相关的 HTML 页面

Ⅲ. 搜索引擎对搜索到的 WWW 服务器中的信息自动建立索引

A. 仅Ⅰ和Ⅱ
B. 仅Ⅱ和Ⅲ

C. 仅Ⅰ和Ⅲ
D. 都正确

6. 程序员在设计的软件系统中插入了一段专门设计的代码,使得他在任何时候都可以绕开正常的登录认证过程,进入该软件系统。这种恶意软件的攻击方式称为( )。

A. 特洛依木马
B. 后门陷阱

C. 逻辑炸弹
D. 僵尸网络

7. 以下关于数据的逻辑结构的叙述中,( )是正确的。

Ⅰ. 数据的逻辑结构抽象地反映数据元素间的逻辑关系

Ⅱ. 数据的逻辑结构具体地反映数据在计算机中的存储方式

Ⅲ. 数据的逻辑结构分为线性结构和非线性结构

Ⅳ. 数据的逻辑结构分为静态结构和动态结构

Ⅴ. 数据的逻辑结构和外存结构的存储结构相同

A. 仅Ⅰ和Ⅱ
B. 仅Ⅱ、Ⅲ和Ⅳ

C. 仅Ⅰ和Ⅲ
D. 仅Ⅰ、Ⅲ和Ⅴ

8. 以下关于顺序存储结构的叙述中,( )是正确的。

Ⅰ. 结点之间的关系由存储单元的邻接关系来体现
Ⅱ. 逻辑上相邻的结点物理上不必邻接

Ⅲ. 存储密度大,存储空间利用率高
Ⅳ. 插入、删除操作灵活方便,不必移结点

Ⅴ. 可以通过计算直接确定第 i 个结点的存储地址

A. 仅Ⅰ、Ⅱ和Ⅲ
B. 仅Ⅰ、Ⅲ和Ⅴ

C. 仅Ⅱ、Ⅲ和Ⅳ
D. 仅Ⅳ和Ⅴ

< 37 >

9.以下关于数据运算的叙述中,( )是不正确的。

Ⅰ.数据运算是数据结构的一个重要方面   Ⅱ.数据运算定义在数据的逻辑结构上

Ⅲ.数据运算定义在数据的物理结构上   Ⅳ.数据运算的具体实现在数据的逻辑结构上进行

Ⅴ.数据运算的具体实现在数据的物理结构上进行

A.仅Ⅰ和Ⅱ   B.仅Ⅱ和Ⅲ

C.仅Ⅲ和Ⅳ   D.仅Ⅳ和Ⅴ

10.用键接方式存储的队列,在进行删除运算时( )。

A.仅需修改头指针   B.仅需修改尾指针

C.头、尾指针都要修改   D.头、尾指针可能都要修改

11.以下关于广义表的叙述中,( )是不正确的。

A.广义的元素可以是子表   B.广义表可装其他广义表所共享(引用)

C.广义表可以是递归的表   D.广义表不能为空表

第12~13题基于如下所示的二叉树。

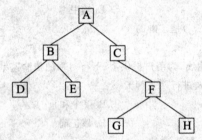

12.该二叉树对应的树林中第一棵树的根是结点( )。

A.A   B.B

C.C   D.D

13.如果将该二叉树存储为对称序线索二叉树,则结点 E 的右线索指向结点( )。

A.A   B.B

C.C   D.D

14.下面( )不是 AVL 树。

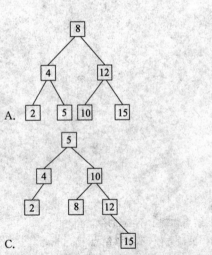

15.对 n 个记录的文件进行归并排序,所需要的辅助存储空间为( )。

A.$O(1)$ B.$O(\log_2 n)$

C.$O(n)$ D.$O(n^2)$

16. 下列关于系统调用的叙述中,( )是不正确的。

A. 系统调用是操作系统向用户提供的编程接口服务

B. 所有系统调用都通过一条访管指令和若干参数来实现

C. 打开文件、读/写文件和关闭文件操作属于系统调用

D. 不同的操作系统所提供的系统调用命令的条数、调用格式是相同的

17. 下列关于CPU状态的叙述中,( )是正确的。

Ⅰ. 操作系统管理程序运行在管态

Ⅱ. x86系列处理器提供的R0、R1、R2和R3特权级别中,R0相当于目态

Ⅲ. 系统运行过程中,从目态转换为管态的唯一途径是中断

Ⅳ. 如果用户程序在目态下执行的特权指令,硬件将产生中断

A. 仅Ⅰ、Ⅱ和Ⅲ   B. 仅Ⅰ、Ⅲ和Ⅳ

C. 仅Ⅱ、Ⅲ和Ⅳ   D. 都正确

18. 下列对线程属性的描述中,( )是正确的。

Ⅰ. 每个线程有一个标识符   Ⅱ. 每个线程需要自己执行时的寄存器和栈等现场信息

Ⅲ. 每个线程有各自的地址空间   Ⅳ. 线程是处理器调度的独立单元

Ⅴ. 线程是有生命周期的

A. 仅Ⅰ、Ⅱ和Ⅲ   B. 仅Ⅱ、Ⅲ和Ⅳ

C. 仅Ⅰ、Ⅱ、Ⅳ和Ⅴ   D. 仅Ⅱ、Ⅲ、Ⅳ和Ⅴ

19. 下列关于时间片轮转算法的叙述中,( )是不正确的。

A. 在时间片轮转算法中,系统将CPU的处理时间划分成一个小时间段

B. 就绪队列的各个进程轮流在CPU上运行,每次运行一个时间片

C. 时间片结束时,运行进程自动让出CPU并进入等待队列

D. 如果时间片长度很小,则调度程序抢占CPU的次数频繁,增加了系统开销

20. 虚拟页式存储管理中,页表的作用十分重要,在页表中指示页面是在内存还是在外存的页表表项是( )。

A. 驻留位   B. 内存块号

C. 访问位   D. 保护位

21. 有程序编制如下,数组中的每个元素为一个字。假设页面大小为每页128个字,数组中的每一行元素存放在一页中,系统为该程序提供一块内存,开始时内存为空。

VARA：ARRAY[1…256,1…128] OF integer;

FOR j：=1 TO 128 DO

FOR i=1 TO 256 DO

A[i,j]=0：

该程序执行时共产生( )次缺页中断。

A. 126   B. 256

C. 128×128   D. 128×256

22. 下列( )技术可以提高语言文件系统的性能。

Ⅰ. 当前目录   Ⅱ. 文件目录的改进

Ⅲ. 块高速缓存

A. 仅Ⅰ   B. 仅Ⅰ和Ⅱ

C. 仅Ⅱ和Ⅲ   D. 都可以

23. 下列( )不是文件控制块中的内容。

A. 文件号   B. 文件建立日期

C. 口令   D. 将文件读入内存的位置

24. 下列关于操作系统调协管理的叙述中,( )是正确的。

Ⅰ. SPOOLing是一种典型的虚拟设备技术

Ⅱ.通过引入通道,可以使 CPU 从慢速的输入/输出工作中解脱出来

Ⅲ.利用缓冲技术,可以提高设备的使用效率

Ⅳ.扫描算法可以提高寻道优化

A.仅Ⅰ、Ⅱ和Ⅲ　　　　　　　　　　　　B.仅Ⅱ、Ⅲ和Ⅳ

C.仅Ⅰ、Ⅲ和Ⅳ　　　　　　　　　　　　D.都正确

25.组成关系数据模型的三大要素是(　　　)。

A.关系数据语言、关系操作集合和关系数据控制

B.关系数据结构、关系数据定义和关系完整性约束

C.关系数据定义、关系数据操纵和关系数据控制

D.关系数据结构、关系操作集合和关系完整性约束

26.下列(　　　)不是常用的概念模型。

A.网状模型　　　　　　　　　　　　　　B.E-R 模型

C.扩展 E-R 模型　　　　　　　　　　　 D.面向对象模型

27.在数据库系统中,当数据库的模式改变时,用户程序可以不做改变,这是数据的(　　　)。

A.位置独立性　　　　　　　　　　　　　B.存储独立性

C.逻辑独立性　　　　　　　　　　　　　D.物理独立性

28.在数据库技术中,(　　　)数据模型是使用公共属性(外键)实现数据之间联系的。

A.层次模型　　　　　　　　　　　　　　B.网状模型

C.关系模型　　　　　　　　　　　　　　D.面向对象模型

29.下列关于连接操作的叙述中,(　　　)是不正确的。

A.连接操作是从两个关系的笛卡儿积中选取属性间满足一定条件的元组

B.两个关系中同名属性的等值连接称为自然连接

C.要进行连接的两个关系中不一定必须包含同名属性

D.两个关系连接操作的结果仍然是一个关系

第 30~32 题基于"学生—选课—课程"数据库中的三个关系

S(S#,SNAME,SEX,AGE,DEPARTMENT),主码是 S＝

C(C#,CNAME,TEACHER),主码是 C#

SC(S#,C#,GRADE),主码是(S#,C#)

30.下面的 SQL 语句定义一个反映学生出生年份的视图。

CREATE VIEW S_BDAY (S#,SNAME,BIRTH) AS

SELECT S#,SNAME,2010－AGE FROM S

这是一个(　　　)。

A.行例子表视图　　　　　　　　　　　　B.带表达式视图

C.分组视图　　　　　　　　　　　　　　D.连接视图

31.下列关于保持数据库完整性的叙述中,(　　　)是不正确的。

A.向关系 SC 插入元组时,S#和 C#都不能是空值(NLTL)

B.可以任意删除关系 SC 中的元组

C.向任何一个关系插入元组时,必须保证关系主码值的唯一性

D.可以任意删除关系 C 中的元组

32.查询学生姓名及其所选修课程的课程号和成绩,正确的 SQL 语句是(　　　)。

A.SELECT S SNAME,SC.C#,GRADE FROM S WHERE S S#＝SC.S#

B.SELECT S.SNAME,SC.C#,GRADE FROM SC WHRES S＝＝SC.S#

C.SELECT S SNAME,SC.C#,GRADE FROM S.SC WHERE S.S#＝SC.S#

D.SELECT S.SNAME.SC.C#,GRADE FROM S.SC WHERE SS#＝SC.C#

33. 对关系 R(A,B,C)执行 SQL 语句

SELECT DISTINCT A FROM R WHERE B=17

则该语句对关系 R 进行了（　　）。

A. 选择和连接　　　　　　　　　　　　B. 选择和投影

C. 连接和投影　　　　　　　　　　　　D. 交和选择

34. 下列条目中，（　　）是属于将 SQL 语句嵌入主语言使用时必须解决的问题。

Ⅰ. 区分 SQL 语句与主语言语句

Ⅱ. 数据库工作单元和程序工作单元之间的通信

Ⅲ. 协调 SQL 语句与主语言语句处理记录的不同方式

A. 仅Ⅰ和Ⅱ　　　　　　　　　　　　　B. 仅Ⅰ和Ⅲ

C. 仅Ⅱ和Ⅲ　　　　　　　　　　　　　D. 都是

35. 设关系 R、S 和 T 如下，关系 T 是由关系 R 和 S 经过（　　）操作得到的。

	R			S			T	
A	B	C	A	B	C	A	B	C
a	b	c	b	a	c	b	a	c
b	a	c	a	a	b			
c	b	a						

A. R∩S　　　　　　　　　　　　　　　B. R-S

C. R∪S　　　　　　　　　　　　　　　D. RS

36. 在数据库系统中，"数据的独立性"与"数据之间的联系"这两个概念（　　）。

A. 没有必然的联系　　　　　　　　　　B. 是等同的

C. 是前者蕴涵后者　　　　　　　　　　D. 是后者蕴涵前者

37. 设有关系 R(A,B,C)和 S(A,B,C)，下面的 SQL 语句：

SELECT ＊ FROM R WHERE A≤20

UNION

SELECT ＊ FROM S WHERE A≥80

所对应的关系代数操作，除选择外还有（　　）操作。

A. 交∩　　　　　　　　　　　　　　　B. 差

C. 并∪　　　　　　　　　　　　　　　D. 笛卡儿积×

38. 数据库管理系统提供授权功能主要是为了实现数据库的（　　）。

A. 可靠性　　　　　　　　　　　　　　B. 完整性

C. 一致性　　　　　　　　　　　　　　D. 安全性

39. 数据库是计算机系统中按照一定的数据模型组织、存储和应用的（　　）。

A. 文件的集合　　　　　　　　　　　　B. 程序的集合

C. 命令的集合　　　　　　　　　　　　D. 数据的集合

40. DBTG 系统亦称 CODASYL 系统，它是（　　）数据模型数据库系统的典型代表。

A. 层次　　　　　　　　　　　　　　　B. 网状

C. 关系　　　　　　　　　　　　　　　D. 面向对象

41. 数据库系统的数据共享是指（　　）。

A. 多个用户共享一个数据文件

B. 多个用户共享同一种语言的程序

C. 多种应用、多种语言、多个用户共享数据集合

D. 同一个应用的多个程序共享数据集合

42.在物理存储器层次结构中,下列(　　)存储设备是非易失性存储。

Ⅰ.高速缓存　　　　　　　　　　　　　Ⅱ.主存储器

Ⅲ.第二级存储器　　　　　　　　　　　Ⅳ.第三级存储器

A.仅Ⅰ和Ⅱ　　　　　　　　　　　　　B.仅Ⅲ和Ⅳ

C.仅Ⅰ、Ⅲ和Ⅳ　　　　　　　　　　　D.都是

43.下列关于查询处理的叙述中,(　　)是不正确的。

A.查询处理器中最主要的模块是查询编译器和查询执行引擎

B.在查询处理开始之前,系统需要对SQL语言表达的查询语句进行分析,形成分析树

C.在大型集中式数据库中,执行一个查询所用的CPU时间是最主要的查询代表

D.实现选择算法的主要方法是全表扫描和索引扫描

44.为了确保单个事务的一致性,负主要责任的是(　　)。

A.故障恢复机制　　　　　　　　　　　B.查询优化处理器

C.并发控制机制　　　　　　　　　　　D.对该事务进行编码的应用程序员

45.数据库中数据项 A 和数据项 B 的当前值分别为 1000 和 2000,T₁ 和 T₂ 为两个事务,调度一和调度二是事务 T₁ 和 T₂ 的两个调度。

T₁	T₂	T₁	T₂
		read(A);	
read(A);		A:=A-50;	
A=A-50;			
write(A);			read(A);
read(B);			temp:=A*0.1;
B: =B+50;	read(A);	write(A);	A:=A-temp;
write(B);	temp:=A*0.1;	read(B);	write(A);
	A:=A-temp;	B:=B+50;	read(B);
	write(A);	write(B).	
	read(B);		
	B:=B+temp;		B:=B+temp;
	write(B).		write(B)

调度一　　　　　　　　　　　　　　　调度二

下列说法正确的是(　　)。

A.调度一是串行调度,调度二是并发调度,它们等价

B.调度一和调度二都是并发调度,它们等价

C.调度二执行后,数据项 A 和 B 的值分别为 950 和 2100

D.调度一执行后,数据项 A 和 B 的值分别为 950 和 2050

46.下列哪些条目是数据库发展第三阶段(20 世纪 80 年代以来)开始出现的相关技术支持(　　)。

Ⅰ.表结构　　　　　　　　　　　　　　Ⅱ.客户/服务器环境

Ⅲ.第四代开发语言　　　　　　　　　　Ⅳ.网络环境下异质数据库互联互操作

A.仅Ⅰ和Ⅱ　　　　　　　　　　　　　B.仅Ⅱ和Ⅳ

C.仅Ⅱ、Ⅲ和Ⅳ　　　　　　　　　　　D.都是

47.在 SQLServer 2000 的系统数据库中,为调度信息和作业历史提供存储区域的是(　　)。

A.Master　　　　　　　　　　　　　　B.Model

C.Pubs　　　　　　　　　　　　　　　D.Msdb

48. 下列关于 Oracle 体系结构的叙述中,不正确的是(   )。

A. 表空间是逻辑存储单元,每个表空间只能创造一个数据文件

B. Oracle 数据库的物理存储按数据块、盘区和段来组织

C. Oracle 实例由系统全局区和一些进程组成

D. 系统全局区是内存中的区域

49. 下列关于 Oracle 对象—关系特性的叙述中,不正确的是(   )。

A. Oracle 的面向对象功能是通过对关系功能的扩充而实现的

B. Oracle 可变长数组可表示多值属性

C. Oracle 通过嵌套表来支持对象中的某些属性也是对象的情况

D. Oracle 中的抽象数据类型不能嵌套使用

50. 下列关于规范化理论的叙述中,(   )是不正确的。

Ⅰ. 规范化理论研究关系模式中各属性之间的依赖关系及其对关系模型性能的影响

Ⅱ. 规范化理论提供判断关系模型优劣的理论标准

Ⅲ. 规范化理论对于关系数据库设计具有重要指导意义

Ⅳ. 规范化理论只能应用于数据库逻辑结构设计阶段

Ⅴ. 在数据库设计中有时候会适当地降低规范化程序而追求高查询性能

A. 仅Ⅰ和Ⅱ   B. 仅Ⅱ和Ⅲ

C. 仅Ⅳ   D. 仅Ⅴ

51. 下列(   )是由于关系模式设计不当所引起的问题。

Ⅰ. 数据冗余   Ⅱ. 插入异常

Ⅲ. 删除异常   Ⅳ. 丢失修改

Ⅴ. 级联回流

A. 仅Ⅰ、Ⅱ和Ⅲ   B. 仅Ⅱ、Ⅲ和Ⅳ

C. 仅Ⅲ、Ⅳ和Ⅴ   D. 仅Ⅰ、Ⅳ和Ⅴ

52. 下列关于部分函数依赖的叙述中,(   )是正确的。

A. 若 $X \to Y$,且存在 Y 的真子集 Y',$X \to Y'$,则称 Y 对 X 部分函数依赖

B. 若 $X \to Y$,且存在 Y 的真子集 Y',XY',则称 Y 对 X 部分函数依赖

C. 若 $X \to Y$,且存在 X 的真子集 X',$X' \to Y$,则称 Y 对 X 部分函数依赖

D. 若 $X \to Y$,且存在 X 的真子集 X',XY,则称 Y 对 X 部分函数依赖

53. 设 U 为所有属性,X、Y、Z 为属性集,$Z = U - X - Y$。下面关于平凡的多值依赖的叙述中,(   )是正确的。

A. 若 $X \to\to Y$,且 $z = \phi$,则称 $X \to\to Y$ 为平凡的多值依赖

B. 若 $X \to\to Y$,且 $z \neq \phi$,则称 $X \to\to Y$ 为平凡的多值依赖

C. 若 $X \to Y$ 且 $X \to\to Y$,则称 $X \to\to Y$ 为平凡的多值依赖

D. 若 $X \to\to Y$ 且 $X \to\to Z$,则称 $X \to\to Y$ 为平凡的多值依赖

54. 若有关系模式 R(A、B、C),属性 A、B、C 之间没有任何函数依赖关系,下列叙述中(   )是正确的。

A. R 肯定属于 2NF,但 R 不一定属于 3NF   B. R 肯定属于 3NF,但 R 不一定属于 BCNF

C. R 肯定属于 BCNF,但 R 不一定属于 4NF   D. R 肯定属于 4NF

55. 下列(   )不是概念模型应具备的性质。

A. 有丰富的语义表达能力   B. 易于交流和理解

C. 易于向各种数据模型转换   D. 在计算机中实现的效率高

56. 在将 E-R 模型向关系模型转换的过程中,若将三个实体之间的多元联系转换一个关系模型,则该关系模型的码为(   )。

A. 其中任意两个实体的码的组合   B. 其中任意一个实体的码

C. 三个实体的码的组合   D. 三个实体中所有属性的组合

57. 下列关于以应用服务器为中心的浏览器/服务器模式的叙述中,不正确的是(   )。

A. 它是 Web 服务器和三层客户机/服务器结合的结果

B. 这种软件结构可分为浏览器、Web 服务器、应用服务器、数据库服务器

C. 对于客户端的表现逻辑,目前只能通过基于脚本的方式实现

D. 在 Internet 电子商务系统开发中,为支持跨平台特性,可采用基于脚本的方式

58. 下列关于 PowerDesigner 的叙述中,不正确的是( )。

A. PowerDesigner 支持基于 XML 的建模方法

B. PowerDesigner 可以设计数据库逻辑图和物理图,它们不是互逆的

C. 设计物理图时主要使用 PowerDesigner 的 Dictionary 和 Database 两个菜单

D. PowerDesigner Viewer 可用于访问整个企业的模型信息

59. 下列关于面向对象数据库的对象结构的叙述中,不正确的是( )。

A. 复杂对象可以通过类型构造器(trpe constructors)由别的对象构造得到

B. 最基本的构造器有三种:原子、元组和集合

C. 元组类型构造器通常被称为结构化类型

D. 集合(Collection)类型的主要特点是:对象的状态是对象的集合,而且这些现象一定是无序的

60. 下列关于联机分析处理基本操作的叙述中,不正确的是( )。

A. 关联分析是联机分析处理的基本操作之一

B. 切片的作用是舍弃一些观察角度,对数据进行观察

C. 向下钻取是使用户在多层数据中展现渐增的细节层次,获得更多的细节性

D. 通过旋转可以得到不同视角的数据,相当于在平面内将坐标轴旋转

二、填空题

1. 为保证 Internet 能够正常工作,要求所有连入 Internet 的计算机都遵从相同的通信协议,即_____协议。

2. 一般人们把加密前的数据或信息称为_____,而加密后的数据或信息称为密文。

3. 有一个初始为空的栈和下面的输入序列 A,B,C,D,E,F,现经过如下操作:push,push,top,pop,top,push,push,push,top,pop,pop,pop,push。上述操作序列完成后栈中的元素列表(从底到顶)为_____。

4. 按列优先顺序存储二维数组 A_的元素,设每个元素占用一个存储单元,则计算元素 a 的地址的公式为 $Loc(a_{ij}) = Loc(a_{11}) + (j-1) \times m + $_____。

5. 堆排序是对直接选择排序的改进,在第一次选择出最小关键分码的同时为以后的选择准备了条件,堆实质上是一棵_____树结点的层次序列。

6. 能够及时响应各种外部事件,并在规定的时间内完成对事件的处理,这类系统称为_____。

7. 当某个正在执行的进程需要进行 I/O 操作时,可以通过调用_____原语将自己从运行状态变为等待状态。

8. 为了提高速度,在地址转换机制中增加了一个容量的高速缓存,在其中存放的是_____。

9. 如果在 GRANT 语句中指定_____子句,则获得该语句中指定权限的用户还可以把这种(些)权限再转授给其他用户。

10. 数据库系统的三级模式结构中,描述数据库中数据的物理结构和存储方式的是_____。

11. SQL 语言中,要删除模式 ABC 并同时删除其下属的数据库对象,相应的 SQL 语句是 DROP SCHEMA ABC_____。

12. 关系代数操作中,并、差、_____、投影和选择。这五种操作称为基本操作,其他操作都可以用这五种基本操作来表示。

13. 数据库管理系统中包括下列三个主要成分:存储管理器、查询处理器和_____。

14. 在数据存储组织中,为了将大小不同的记录组织在同一个磁盘块中,常常采用_____的页结构。

15. 在 Oracle 中,支持数据仓库应用的工具是_____。

16. Oracle 存储的极大对象中,数据类型 CLOB 表示_____型大对象。

17. 设有关系模式 R(A,B,C,D,E,F,G)根据语义有如下函数依赖集 $F = \{A \rightarrow B, C \rightarrow D, C \rightarrow F, (A,D) \rightarrow E, (E,F) \rightarrow G\}$,关系模式 R 的码是_____。

18. 设关系模式 R(U,F)分解为关系模式 $R_1(U_1, F_1), R_2(U_2, F_2), \cdots, Rn(Un, Fn)$,若 $F = (F_1 \bigcup F_2 \bigcup \cdots \bigcup Fn)$,即 F 所

逻辑蕴含的函数依赖一定也由分解得到的各个关系模式中的函数依赖所逻辑蕴含,则称关系模式 R 的这个分解是_____的。

19.在分布式数据库中可将数据分割成被称为_____的逻辑单位,它们可以被分配到不同站点上进行存储。

20.从 WWW 的资源和行为中抽取感兴趣的、有用的模式和隐含的信息的过程,一般称为_____。

第7套 笔试考试试题

一、选择题

1. 冯·诺依曼奠定了现代计算机工作原理的基础。下列选项中,( )是正确的?

Ⅰ. 程序必须装入内存才能执行

Ⅱ. 计算机按照存储的程序逐条取出指令,分析后执行指令所规定的操作

Ⅲ. 计算机系统由运算器、存储器、控制器、输入设备、输出设备五大部件组成

A. 仅Ⅰ
B. 仅Ⅰ和Ⅱ
C. 仅Ⅱ和Ⅲ
D. 都正确

2. 关于指令系统的寻址方式,如果在指令中给出操作数所在的地址,该方式称为( )。

A. 立即寻址
B. 直接寻址
C. 寄存器寻址
D. 寄存器间接寻址

3. 用于实现 Internet 中文件传输功能所采用的应用层协议是( )。

A. FTP
B. DNS
C. SMTP
D. HTTP

4. WWW 能够提供面向 Internet 服务的、一致的用户界面的信息浏览功能,其使用的基础协议是( )。

A. FTP
B. DNS
C. SMTP
D. HTTP

5. 一般操作系统的安全措施可从隔离、分层和内控三个方面考虑,隔离是操作系统安全保障的措施之一。限制程序的存取,使其不能存取允许范围以外的实体,这是( )。

A. 物理隔离
B. 时间隔离
C. 逻辑隔离
D. 密码隔离

6. 下列哪一个不属于恶意软件?( )

A. 逻辑炸弹
B. 服务攻击
C. 后门陷阱
D. 僵尸网络

7. 下列哪些是数据结构研究的内容?( )

Ⅰ. 数据的采集和集成
Ⅱ. 数据的逻辑结构
Ⅲ. 数据的存储结构
Ⅳ. 数据的传输
Ⅴ. 数据的运算

A. 仅Ⅰ、Ⅱ和Ⅲ
B. 仅Ⅱ、Ⅲ和Ⅴ
C. 仅Ⅰ、Ⅱ和Ⅳ
D. 仅Ⅰ、Ⅲ和Ⅴ

8. 下列与数据元素有关的叙述中,哪些是正确的?( )

Ⅰ. 数据元素是数据的基本单位,即数据集合中的个体
Ⅱ. 数据元素是有独立含义的数据最小单位
Ⅲ. 一个数据元素可由一个或多个数据项组成
Ⅳ. 数据元素又称做字段
Ⅴ. 数据元素又称做结点

A. 仅Ⅰ和Ⅱ
B. 仅Ⅱ、Ⅲ和Ⅳ
C. 仅Ⅰ和Ⅲ
D. 仅Ⅰ、Ⅲ和Ⅴ

9. 下列与算法有关的叙述中,哪一条是不正确的?( )

A. 算法是精确定义的一系列规则

B. 算法指出怎样从给定的输入信息经过有限步骤产生所求的输出信息

C. 算法的设计采用由粗到细,由抽象到具体的逐步求精的方法

D. 对于算法的分析,指的是分析算法运行所要占用的存储空间,即算法的空间代价

< 46 >

10. 下列关于栈和队列的叙述中,哪些是正确的?( )

Ⅰ.栈和队列都是线性表　　　　　　　　　Ⅱ.栈和队列都是顺序表

Ⅲ.栈和队列都不能为空　　　　　　　　　Ⅳ.栈和队列都能应用于递归过程实现

Ⅴ.栈的特点是后进先出,而队列的特点是先进先出

A. 仅Ⅰ和Ⅴ　　　　　　　　　　　　　　B. 仅Ⅰ、Ⅱ和Ⅴ

C. 仅Ⅲ和Ⅳ　　　　　　　　　　　　　　D. 仅Ⅱ、Ⅲ和Ⅳ

11. 按后根次序周游树(林)等同于按什么次序周游该树(林)对应的二叉树?( )

A. 前序　　　　　　　　　　　　　　　　B. 后序

C. 对称序　　　　　　　　　　　　　　　D. 层次次序

12. 有关键码值为 10,20,30 的三个结点,按所有可能的插入顺序去构造二叉排序树。能构造出多少棵不同的二叉排序树?( )

A. 4　　　　　　　　　　　　　　　　　　B. 5

C. 6　　　　　　　　　　　　　　　　　　D. 7

13. 对于给出的一组权 w＝{10,12,16,21,30},通过霍夫曼算法求出的扩充二叉树的带权外部路径长度为( )。

A. 89　　　　　　　　　　　　　　　　　　B. 189

C. 200　　　　　　　　　　　　　　　　　D. 300

14. 设散列表的地址空间为 0 到 16,散列函数为 h(k)＝k mod 17,用线性探查法解决碰撞。现从空的散列表开始,依次插入关键码值 190,89,200,208,92,160,则最后一个关键码 160 的地址为( )。

A. 6　　　　　　　　　　　　　　　　　　B. 7

C. 8　　　　　　　　　　　　　　　　　　D. 9

15. 如下所示是一棵 5 阶 B 树,从该 B 树中删除关键码 41 后,该 B 树的叶结点数为( )。

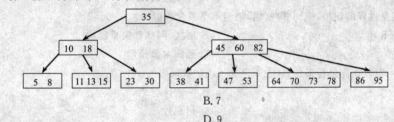

A. 6　　　　　　　　　　　　　　　　　　B. 7

C. 8　　　　　　　　　　　　　　　　　　D. 9

16. 为保护操作系统运行,将指令系统中的指令分成特权指令和非特权指令。下列指令中,哪一个不是特权指令?( )。

A. 启动设备执行 I/O 操作指令　　　　　　B. 算术运算指令

C. 设置中断向量指令　　　　　　　　　　D. 修改程序状态字指令

17. 一个已经具备运行条件,但由于没有获得 CPU 而不能运行的进程处于( )。

A. 等待状态　　　　　　　　　　　　　　B. 睡眠状态

C. 就绪状态　　　　　　　　　　　　　　D. 挂起状态

18. 下列关于时间片轮转法的叙述中,哪个是不正确的?( )

A. 采用可变长度的时间片,可以改善调度性能

B. 就绪队列中的诸进程轮流在 CPU 上运行,每次运行一个时间片

C. 当时间片结束时,运行进程自动让出 CPU,该进程进入等待队列

D. 如果时间片长度选择过长,时间片轮转法就退化成先进先出算法

19. 系统中有三个并发进程共同竞争某一资源,每个进程需要四个该类资源。如果要使系统不发生死锁,则该类资源至少应有几个?( )。

A. 9　　　　　　　　　　　　　　　　　　B. 10

C. 11　　　　　　　　　　　　　　　　　D. 12

20. 在页式存储管理中,为进行地址转换工作,系统提供一对硬件寄存器,它们是( )。

A. 基址寄存器和限长寄存器　　　　　　　B. 页表始址寄存器和页表长度寄存器

C. 上界寄存器和下界寄存器　　　　　　　D. 直接地址寄存器和间接地址寄存器

21. 在虚拟页式存储管理方案中,对缺页次数没有影响的因素是(　　)。

A. 页表在内存中的位置　　　　　　　　　　B. 页面淘汰算法

C. 程序本身的编制方法　　　　　　　　　　D. 分配给进程的物理页面数

22. 在多级目录结构中查找一个文件时需要按路径名搜索,当层次较多时要耗费很多时间,为此要引入(　　)。

A. 基本目录　　　　　　　　　　　　　　　B. 当前目录

C. 子目录　　　　　　　　　　　　　　　　D. 父目录

23. 假设磁头在 65 号柱面上操作时,有其他访问请求到达,柱面号依次为 85、46、114、16 和 116,当系统完成 65 号柱面的操作后,若采用最短寻找时间优先(SSTF)磁盘调度算法,为服务这些请求,磁头需要移动的柱面数是(　　)。

A. 181　　　　　　　　　　　　　　　　　　B. 159

C. 149　　　　　　　　　　　　　　　　　　D. 139

24. 下列关于操作系统设备管理的叙述中,哪个是不正确的?(　　)

A. 设备管理使用户能独立于具体设备的复杂物理特性而方便地使用设备

B. 设备管理利用各种技术提高 CPU 与设备、设备与设备之间的并行工作能力

C. 操作系统对用户屏蔽了实现具体设备 I/O 操作的细节

D. 操作系统对各类设备尽量提供各种不同的接口

25. 在数据库系统中有一类人员,负责监控数据库系统的运行情况,及时处理运行过程中出现的问题,这类人员是(　　)。

A. 数据库管理员　　　　　　　　　　　　　B. 系统分析员

C. 数据库设计员　　　　　　　　　　　　　D. 应用程序员

26. 在关系数据库系统中,当关系模型改变时,用户程序也可以不变,这是数据的(　　)。

A. 物理独立性　　　　　　　　　　　　　　B. 逻辑独立性

C. 位置独立性　　　　　　　　　　　　　　D. 存储独立性

27. 概念模型用于信息世界的建模,下列哪种(组)模型不是概念模型?(　　)。

A. ER 模型和扩展 ER 模型　　　　　　　　B. 层次、网状和关系模型

C. 各种语义数据模型　　　　　　　　　　　D. 面向对象模型

28. 在数据库技术中,对数据库进行备份,这主要是为了维护数据库的(　　)。

A. 开放性　　　　　　　　　　　　　　　　B. 一致性

C. 完整性　　　　　　　　　　　　　　　　D. 可靠性

29. 在关系代数中有一种连接操作,要求执行该连接操作的两个关系中进行比较的分量必须是相同的属性或属性组,并且在结果中去掉重复的属性,这种连接操作称为(　　)。

A. 半连接　　　　　　　　　　　　　　　　B. 等值连接

C. 自然连接　　　　　　　　　　　　　　　D. 非等值连接

30. 设有关系 R(A,B,C),与 SQL 语句 select distinct A from R where C＝36 等价的关系代数表达式是(　　)。

A. $\pi A(\sigma C＝36(R))$　　　　　　　　　　B. $\sigma C＝36(\pi A(R))$

C. $\sigma C＝36(\pi A,B(R))$　　　　　　　　　D. $\pi A,B(\sigma C＝36(R))$

31. 下列 SQL 的数据定义语句组中,哪一组是正确的?(　　)

A. CREATE SCHEMA…. DROP SCHEMA…,ALTER SCHEMA…

B. CREATE TABLE…, DROP TABLE…,ALTER TABLE…

C. CREATE VIEW…,DROP VIEW…, ALTER VIEW…

D. CREATE INDEX…,DROP INDEX…,ALTER INDEX…

第 32～34 题基于"学生—进程—课程"数据库中的三个关系:

S(S#,SNAME,SEX,AGE,DEPARTMENT)主码是 S#

C(C#,CNAME,TEACHER)主码是 C#

SC(S#,C#,GRADE)主码是(S#,C#)

为了便于识别,当外键与相应的主键属于不同关系时,往往给它们以相同的名字。

32.下列叙述中,哪个是不正确的?( )。

A.S♯是关系 S 的主键,也是关系 SC 的外键

B.C♯是关系 C 的主键,也是关系 SC 的外键

C.向任何一个关系插入元组时,必须保证关系主码值的唯一性

D.可以任意删除每个关系中的元组

33.查找"由李力老师执教的数据库课程的平均成绩、最高成绩和最低成绩"将使用关系( )。

A.S 和 SC   B.S 和 C

C.SC 和 C   D.S、SC 和 C

34.下列扩展的关系操作中,哪些是正确的?( )

Ⅰ.在关系 C 中,增加一门课程('C06','电子商务','陈伟钢'),可以用赋值操作表示为:C←C∪{('C06','电子商务','陈伟钢')}

Ⅱ.关系 SC 中删除学号为'20100251'同学的信息,用赋值操作可以表示为:SC←SC−(σS♯='20100251'(SC))

Ⅲ.计算年龄小于 20 岁的学生人数,用聚集操作表示为:Gcount(S♯×σAGE<20(S))

Ⅳ.计算课程号为'C01'课程的平均成绩,用聚集操作表示为:Gavg(GRADE×σC♯='C01'(SC))

A.仅Ⅰ、Ⅱ和Ⅲ   B.仅Ⅰ和Ⅱ

C.仅Ⅲ和Ⅳ   D.都正确

35.下列哪种关系运算不要求"R 和 S 具有相同的属性个数,并且每对相对应的属性都只有相同的域"?( )。

A.R∪S   B.R∩S

C.R−S   D.R×S

36.用户对 SQL 数据库的访问权限中,如果只允许删除基本表的元组,应授予哪种权限?( )。

A.DROP   B.DELETE

C.ALTER   D.UPDATE

37.下列叙述中,哪些是正确的?( )

Ⅰ.一个关系对应一个二维表,二维表名就是关系名

Ⅱ.二维表中的列称为属性,属性的个数称为关系的元(Arity)或度(Degree)

Ⅲ.二维表中的行定义(记录的型)称为关系模式,每一行(记录的值)称为一个元组,关系模式和元组的集合通称为关系

Ⅳ.用集合论的观点定义关系:一个K元关系是若干个元数为 K 的元组的集合

Ⅴ.用值域的概念定义关系:关系是属性值域笛卡儿积的一个子集

A.仅Ⅰ、Ⅱ和Ⅲ   B.仅Ⅰ、Ⅳ和Ⅴ

C.仅Ⅱ、Ⅲ、Ⅳ和Ⅴ   D.都正确

38.设关系 R,S 和 T 如下,关系 T 是关系 R 和 S 执行了哪种操作的结果?( )。

R

A	B	C
a1	b1	5
a2	b2	6
a3	b3	8
a4	b4	12

S

B	E
b1	3
b2	7
b3	10
b4	2
b5	2

T

A	R.B	C	S.B	E
a1	b1	5	b2	7
a1	b1	5	b3	10
a2	b2	6	b2	7
a3	b3	8	b3	10

A.R $\underset{C<E}{\bowtie}$ S   B.R $\underset{E}{\bowtie}$ S

C.R $\underset{R.B=S.B}{\bowtie}$ S   D.R $\bowtie$ S

39.在 SQL 中,由于对视图的修改最终要转换为对基本表的修改,因此下列只有哪种视图是可以修改的?( )

A.行列子集视图   B.带表达式视图

C.分组视图   D.连接视图

40.下列条目中,哪些属于将 SQL 嵌入主语言使用时必须解决的问题?( )

Ⅰ.区分 SQL 语句与主语言语句   Ⅱ.动态生成的 SQL 语句

Ⅲ. 数据库工作单元和程序工作单元之间的通信　　　Ⅳ. 协调 SQL 语句与主语言语句处理记录的不同方式

A. 仅Ⅰ和Ⅳ

B. 仅Ⅱ、Ⅲ和Ⅳ

C. 仅Ⅰ、Ⅲ和Ⅳ

D. 都是

41. 关系代数有五种基本操作,它们是(　　)。

A. 并、外部并、交、差、除

B. 选择、投影、广义投影、赋值、连接

C. 连接、外连接、笛卡儿积、半连接、聚集

D. 并、差、笛卡儿积、选择、投影

42. 下列哪种语言描述的信息直接存储到数据字典中?(　　)。

A. 数据定义语言 DDL

B. 数据操作语言 DML

C. 数据查询语言

D. 上述三种语言都可以

43. 下列哪些条目是数据库管理系统中事务管理器的重要模块?(　　)。

Ⅰ. 缓冲区管理

Ⅱ. 并发控制

Ⅲ. DDL 编译

Ⅳ. 故障恢复

A. 仅Ⅰ和Ⅳ

B. 仅Ⅱ和Ⅳ

C. 仅Ⅱ、Ⅲ和Ⅳ

D. 都是

44. 下列关于查询处理的叙述中,哪个是不正确的?(　　)。

A. 对用 SQL 语言表达的查询语句进行分析,得到语法分析树

B. 语法分析树转化为物理查询计划,然后转化为逻辑查询计划

C. DBMS 要为逻辑查询计划的每一个操作选择具体的实现算法

D. 选择逻辑查询计划和物理查询计划的步骤称为查询优化

45. 事务由于某些内部条件而无法继续正常执行,如非法输入、找不到数据等,这样的故障属于(　　)。

A. 系统故障

B. 磁盘故障

C. 事务故障

D. 介质故障

46. 下列关于 SQL Server 2000 的叙述中,哪个是不正确的?(　　)。

A. 一种典型的具有浏览器/服务器体系结构的面向对象数据库管理系统

B. 提供对 XML 和 HTTP 的全方位支持

C. 可为用户的 Internet 应用提供完善的支持

D. 性能良好、安全可靠

47. 下列 SQL Server 2000 的组件中,属于服务器端组件的是(　　)。

Ⅰ. SQL 服务器服务

Ⅱ. 查询分析器

Ⅲ. 分布式事务协调服务

Ⅳ. 数据传输服务

A. 仅Ⅰ和Ⅱ

B. 仅Ⅰ和Ⅲ

C. 仅Ⅲ和Ⅳ

D. 都是

48. 下列关于 Oracle 数据库系统的叙述中,哪个是不正确的?(　　)

A. 1979 年,Oracle 公司推出了第一个商业化的关系型数据库管理系统

B. 1998 年,Oracle 公司推出了 Oracle 8i,其中 i 表示 Internet

C. 2004 年,Oracle 公司推出了 Oracle 10g,其中 g 表示 Global

D. 自版本 8 起,Oracle 系统逐渐定位成一个对象－关系数据库系统

49. 下列关于 SQL Server 数据库系统安全性的叙述中,哪个是不正确的?(　　)

A. 数据库管理系统的权限分为数据库系统权限和服务器权限

B. 数据库系统权限可分为数据库对象权限和语句权限

C. 服务器权限可授予数据库管理员和其他用户

D. SQL 语言中的 GRANT 为权限授予语句

50. 下列哪一条属于关系数据库的规范化理论要解决的问题?(　　)

A. 如何构造合适的数据库逻辑结构

B. 如何构造合适的数据库物理结构

C. 如何构造合适的应用程序界面

D. 如何控制不同用户的数据操作权限

51.下列哪些条不属于 Armstrong 公理系统中的基本推理规则?( )

Ⅰ.若 Y⊆X,则 X→Y　　　　　　　Ⅱ.若 X→Y,则 XZ→YZ

Ⅲ.若 X→Y,且 Z⊆Y,则 X→Z　　　Ⅳ.若 X→Y,且 Y→Z,则 X→Z

Ⅴ.若 X→Y,且 X→Z,则 X→YZ

A.仅Ⅰ和Ⅲ　　　　　　　　　　B.仅Ⅲ和Ⅳ

C.仅Ⅱ和Ⅳ　　　　　　　　　　D.仅Ⅳ和Ⅴ

52.设 U 为所有属性,X、Y、Z 为属性集,Z＝U－X－Y。下列关于函数依赖和多值依赖的叙述中,哪些是正确的?( )。

Ⅰ.若 X→Y,则 X→→Y　　　　　　Ⅱ.若 X→→Y,则 X→Y

Ⅲ.若 X→Y,则 X→Z　　　　　　　Ⅳ.若 X→→Y,则 X→→Z

Ⅴ.若 X→→Y,Y'⊂Y,则 X→→Y'

A.仅Ⅰ、Ⅱ和Ⅲ　　　　　　　　B.仅Ⅱ、Ⅲ和Ⅴ

C.仅Ⅰ和Ⅳ　　　　　　　　　　D.仅Ⅳ和Ⅴ

53.下列关于关系模式的码和外码的叙述中,哪一条是正确的?( )

A.主码必须是单个属性

B.外码可以是单个属性,也可以是属性组

C.一个关系模式的主码与该关系模式中的任何一个外码的交一定为空

D.一个关系模式的主码与该关系模式中的所有外码的并一定包含了该关系模式中的所有属性

54.若有关系模式 R(A,B),下列叙述中,哪一(些)条是正确的?( )

Ⅰ.A→→B 一定成立　　　　　　　Ⅱ.A→B 一定成立

Ⅲ.R 的规范化程度无法判定　　　　Ⅳ.R 的规范化程度达到 4NF

A.仅Ⅰ　　　　　　　　　　　　B.仅Ⅰ和Ⅱ

C.仅Ⅲ　　　　　　　　　　　　D.仅Ⅰ和Ⅳ

第55~56题基于以下描述:有关系模式 R(A,B,C,D,E),根据语义有如下函数依赖集,F＝{A→C,BC→D,CD→A,AB→E}。

55.下列属性组中哪个(些)是关系 R 的候选码?( )

Ⅰ.(A,B)　　　　　　　　　　　Ⅱ.(A,D)

Ⅲ.(B,C)　　　　　　　　　　　Ⅳ.(C,D)

Ⅴ.(B,D)

A.仅Ⅲ　　　　　　　　　　　　B.仅Ⅰ和Ⅲ

C.仅Ⅰ、Ⅱ和Ⅳ　　　　　　　　D.仅Ⅱ、Ⅲ和Ⅴ

56.关系模式 R 的规范化程度最高达到( )。

A.1NF　　　　　　　　　　　　B.2NF

C.3NF　　　　　　　　　　　　D.BCNF

57.下列关于信息系统的层次结构的叙述中,哪个是不正确的?( )

A.信息系统一般按照逻辑结构可划分为表现层、应用逻辑层和数据逻辑层

B.传统的两层逻辑结构中,应用逻辑层和数据逻辑层几乎完全交错在一起

C.三层逻辑结构将信息系统按功能能划分为:用户服务、商业服务和数据服务三个部分

D.三层逻辑结构具有易维护性、高可靠性等特点

58.下列关于 Visual Studio 2008 的叙述中,哪个是不正确的?( )。

A.可以支持高效团队协作

B.能够轻松构建以客户为中心的 Web 应用程序

C.能够在同一开发环境内创建面向多个.NET Framework 版本的应用程序

D.拼写检查器中的拼写规则用 XML 语言定义,用户无法修改

59.下列关于分布式数据库系统的叙述中,哪个是不正确的?(   )。

A.提高了系统的可靠性和可用性

B.只有位置透明性、复制透明性和分片透明性

C.两阶段提交协议经常用于处理分布式死锁问题

D.数据复制是将片段或片段的副本分配在不同站点上的存储过程

60.下列关于对象数据库管理组织提出的对象数据库标准 ODMG 的叙述中,哪个是不正确的?(   )

A.面向对象程序设计语言绑定的语言主要是 C++、Java 和 Smalltalk

B.在 ODMG 中,对象可以用标识符、名称、结构和方法来描述

C.对象定义语言 ODL 独立于任何特定的编程语言

D.对象查询语言 OQL 在设计时要与编程语言紧密配合使用

二、填空题

1.按覆盖的地理范围划分,可将计算机网络分为_____、城域网和广域网。

2.使用数学方法重新组织数据或信息,使得除合法接收者外,其他任何人无法理解(或者在一定时间内无法理解),这称为_____。

3.设有二维数组 A[1..12,1..10],其每个元素占 4 字节,数据按列优先顺序存储,第一个元素的存储地址为 100,那么元素 A[4,5]的存储地址为_____。

4.单链表的每个结点中包括一个指针 link,它指向该结点的后继结点。现要将指针 q 指向的新结点插入到指针 p 指向的单链表结点之后,所需的操作序列为 q^.link:=p^.link;_____。

5.设待排序关键码序列为(25,18,9,33,67,82,53,95,12,70),要按关键码值递增的顺序进行排序。采取以第一个关键码为分界元素的快速排序法,第一趟排序完成后关键码 33 被放到第_____个位置。

6.英特尔公司的 x86 系列处理器提供四个特权级别(特权环):R0、R1、R2 和 R3,其中对应于管态的特权环是_____。

7.系统中有一组进程,其中的每一个进程都在等待被该组中另一个进程所占有的资源,则称这组进程处于_____状态。

8.操作系统为了管理每个文件,将诸如文件名、文件的存储位置、文件修改日期等文件属性保存在一个重要的数据结构中,它是_____。

9.数据库管理系统是在_____支持下的一个复杂的和功能强大的系统软件,它对数据库进行统一管理和控制。

10.SQL 支持用户可以根据应用的需要,在基本表上建立一个或多个_____,以提供多种存取路径,加快查找速度。

11.在 SQL 中,若允许用户将已获得的某种权限再转授予其他用户,可以在 GRANT 语句中指定_____子句。

12.将关系模型与面向对象模型的优点相结合,其基本数据结构是关系表。对关系表作扩充,允许在关系表间具有继承、组合等关联,从而构成一种新的数据模型,称为_____数据模型。

13.高速缓冲存储器和_____属于易失性存储器。

14.在两种基本的索引类型中,能有效支持点查询,但不能支持范围查询的是_____索引。

15.数据仓库是_____的、集成的、相对稳定的、反映历史变化的数据集合,用以支持管理中的决策。

16.Oracle 针对 Internet/Intranet 的产品是 Oracle _____。

17.设 U 为所有属性,X、Y、Z 为属性集,Z＝U－X－Y,若 X→→Y,且 Z＝∅,则称 X→→Y 为_____的多值依赖。

18.在函数依赖的范畴内,_____达到了最高的规范化程序。

19.基于半连接操作的分布式查询的基本思想是将关系从一个站点传输到另一个结点之前减少该关系中_____的数量。

20.解决文本检索二义性问题的一种方法是使用在线_____,另一种方法是比较两个词出现的语境。

第8套 笔试考试试题

一、选择题

1.现代计算机系统工作原理的核心之一是"存储程序",最早提出这一设计思想的是(   )。

A.艾兰·图灵   B.戈登·摩尔

C.冯·诺依曼   D.比尔·盖茨

2.总线用于计算机部件之间建立可共享连接的信息传输通道。下列哪一个不属于I/O总线?(   )

A.PCI   B.DMA

C.USB   D.1394

3.下列关于局域网的叙述中,哪一条是正确的?(   )

A.地理覆盖范围大   B.误码率高

C.数据传输速率低   D.不包含OSI参考模型的所有层

4.从邮件服务器读取邮件所采用的协议是(   )。

A.SMTP   B.POP3

C.MIME   D.EMAIL

5.为加强网络之间的安全设置了一项功能,它可以控制和监测网络之间的信息交换和访问,这一功能是(   )。

A.消息认证   B.访问控制

C.文件保护   D.防火墙

6.通过网络把多个成本相对较低的计算实体整合成一个具有强大计算能力的系统,并借助SaaS、PaaS、IaaS、MSP等商业模式把该计算能力分布到终端用户手中,这种应用模式称为(   )。

A.云计算   B.过程控制

C.计算机辅助系统   D.人工智能

7.下列关于数据结构基本概念的叙述中,哪一条是不正确的?(   )

A.数据是采用计算机能够识别、存储和处理的方式,对现实世界的事物进行的描述

B.数据元素(或称结点、记录等)是数据的基本单位

C.一个数据元素至少由两个数据项组成

D.数据项是有独立含义的数据最小单位

8.下列与数据的逻辑结构有关的叙述中,哪一条是不正确的?(   )

A.数据的逻辑结构抽象地反映数据元素间的逻辑关系

B.数据的逻辑结构分为线性结构和非线性结构

C.树形结构是典型的非线性结构

D.数据运算的具体实现在数据的逻辑结构上进行

9.双链表的每个结点包括两个指针域。其中rlink指向结点的后继,llink指向结点的前驱。如果要在p所指结点前面插入q所指的新结点,下面哪一个操作序列是正确的?(   )

A.$p\uparrow.rlink\uparrow.llink:=q; p\uparrow.rlink:=q; q\uparrow.llink:=p; q\uparrow.rlink:=p\uparrow.rlink;$

B.$p\uparrow.llink\uparrow.rlink:=q; p\uparrow.llink:=q; q\uparrow.rlink:=p; q\uparrow.llink:=p\uparrow.llink;$

C.$q\uparrow.llink:=p; q\uparrow.rlink:=p\uparrow.rlink; p\uparrow.rlink\uparrow.llink:=q; p\uparrow.rlink:=q;$

D.$q\uparrow.rlink:=p; q\uparrow.llink:=p\uparrow.llink; p\uparrow.llink\uparrow.rlink:=q; p\uparrow.llink:=q;$

10.下列关于树和二叉树的叙述中,哪些条是正确的?(   )

I.树是结点的有限集合,这个集合不能为空集

II.二叉树是结点的有限集合,这个集合不能为空集

III.树的每个结点有m(m>=0)棵子树

IV.二叉树是树的特殊情况,即每个结点的子树个数都不超过2

Ⅴ.每一棵二叉树都能唯一地转换到它所对应的树(林)

A.仅Ⅰ和Ⅲ　　　　　　　　　　　　　B.仅Ⅰ、Ⅲ和Ⅴ

C.仅Ⅱ和Ⅳ　　　　　　　　　　　　　D.仅Ⅱ、Ⅲ和Ⅴ

11.设有二维数组 A[1..8,1..10],其每个元素占 4 字节,数组按列优先顺序存储,第一个元素的存储地址为 200,那么元素 A[3,4]的存储地址为(　　　)。

A.292　　　　　　　　　　　　　　　B.304

C.328　　　　　　　　　　　　　　　D.396

12.假定栈用顺序的方式存储,栈类型 stack 定义如下:

TYPE stack＝RECORD　　　 1..m0

　A：ARRAY[1..m0] OF datatype;

　t: 0..m0;

END;

下面是栈的一种基本运算的实现:

PROCEDURE xxxx(VAR s:stack);

　BEGIN

　　IF s. t＝0

　　　THEN print('underflow')

　　　ELSE s. t：＝s. t－1;

END;

请问这是栈的哪一种基本运算?(　　　)

A.栈的推入　　　　　　　　　　　　　B.栈的弹出

C.读栈顶元素　　　　　　　　　　　　D.将栈置为空栈

13.下列关于散列表的叙述中,哪一条是不正确的?(　　　)

A.散列法的基本思想是:由结点的关键码值决定结点的存储地址

B.好的散列函数的标准是能将关键码值均匀地分布在整个地址空间中

C.在散列法中,处理碰撞的方法基本有两类:拉链法和除余法

D.散列表的平均检索长度随负载因子的增大而增加

14.下列哪一个关键码序列不符合堆的定义?(　　　)

A.A、C、D、G、H、M、P、Q、R、X　　　　　B.A、C、M、D、H、P、X、G、Q、R

C.A、D、P、R、C、Q、X、M、H、G　　　　　D.A、D、C、G、P、H、M、Q、R、X

15.下列排序方法中,哪一种方法总的关键码比较次数与记录的初始排列状态无关?(　　　)

A.直接选择排序　　　　　　　　　　　B.直接插入排序

C.起泡排序　　　　　　　　　　　　　D.快速排序

16.下列关于时钟的叙述中,哪一条是不正确的?(　　　)

A.时钟中断可以屏蔽　　　　　　　　　B.时钟是操作系统运行的必要机制

C.时钟可以分成硬件时钟和软件时钟　　D.利用时钟中断可以实现进程的轮转运行

17.下列哪一种进程状态不会发生?

A.等待态→就绪态　　　　　　　　　　B.就绪态→运行态

C.就绪态→等待态　　　　　　　　　　D.运行态→等待态

18.在采用最高优先级算法的系统中,若 CPU 调度方式为不可抢占,则下列哪一个事件的发生不会引起进程切换?(　　　)

A.有一个优先级更高的进程就绪　　　　B.时间片到

C.进程运行完毕　　　　　　　　　　　D.进程在运行过程中变为等待状态

19.Dijkstra 提出的银行家算法属于(　　　)。

A.死锁预防　　　　　　　　　　　　　B.死锁避免

C.死锁检测　　　　　　　　　　　　　D.死锁解除

20.在可变分区存储管理方案中,在回收一个分区时,若该分区的起始地址+长度=空闲区表中某个登记栏所表示空闲区的起始地址,则说明( )。

A.该回收分区的上邻分区是空闲的　　　　B.该回收分区的下邻分区是空闲的

C.该回收分区的上、下邻分区都是空闲的　D.该回收分区的上、下邻分区都不是空闲的

21.实现虚拟存储器的目的是( )。

A.实现存储保护　　　　　　　　　　　B.让程序运行速度更快

C.实现程序在内存中的移动　　　　　　D.实现让大的应用程序在较小的物理内存中运行

22.文件的存取方法依赖于( )。

Ⅰ.文件的物理结构　　　　　　　　　Ⅱ.文件的逻辑结构

Ⅲ.存放文件的设备的物理特性

A.仅Ⅰ　　　　　　　　　　　　　　B.仅Ⅱ

C.仅Ⅰ和Ⅱ　　　　　　　　　　　　D.仅Ⅰ和Ⅲ

23.有一个文件包含20个逻辑记录 k_1、k_2、…、k_{20},块因子为4,文件系统按照记录的成组和分解方式存取文件。若要读取该文件,需要启动几次磁盘?( )

A.1次　　　　　　　　　　　　　　B.4次

C.5次　　　　　　　　　　　　　　D.20次

24.下列关于SPOOLing技术的叙述中,哪一条是不正确的?( )

A.SPOOLing技术未解决CPU的速度与设备速度的不对称问题

B.SPOOLing技术解决了独占设备利用率低的问题

C.SPOOLing技术需要利用磁盘空间作为缓冲

D.SPOOLing技术可用于打印机的管理

25.下列关于SQL语言的叙述中,哪一条是不正确的?( )

A.SQL语言支持数据库的三级模式结构

B.一个基本表只能存储在一个存储文件中

C.一个SQL表可以是一个基本表或者是一个视图

D.存储文件的逻辑结构组成了关系数据库的内模式

26.设关系R和S具有相同的属性个数,且相对应属性的值取自同一个域,则R-(R-S)等价于( )。

A.R∪S　　　　　　　　　　　　　B.R∩S

C.R×S　　　　　　　　　　　　　D.R-S

27.在关系代数中,从两个关系的笛卡儿积中选取它们属性间满足一定条件的元组的操作称为( )。

A.投影　　　　　　　　　　　　　　B.选择

C.自然连接　　　　　　　　　　　　D.θ连接

28.在数据库的三级模式结构中,模式/内模式映像( )。

A.只有一个　　　　　　　　　　　　B.只有两个

C.由系统参数确定　　　　　　　　　D.可以有任意多个

29.数据库是计算机系统中按一定的数据模型组织、存储和使用的( )。

A.命令集合　　　　　　　　　　　　B.程序集合

C.数据集合　　　　　　　　　　　　D.文件集合

30.SQL语言集数据查询、数据操纵、数据定义和数据控制功能于一体,语句 ALTER TABLE 用于实现哪类功能?( )

A.数据查询　　　　　　　　　　　　B.数据操纵

C.数据定义　　　　　　　　　　　　D.数据控制

31.在SQL语言的SELECT语句中,对投影操作进行说明的是哪个子句?( )

A.SELECT　　　　　　　　　　　　B.FROM

C.WHERE　　　　　　　　　　　　D.ORDERBY

32.设关系 R 和 S 具有公共属性 Y,当执行 RS 时,会丢弃那些在 Y 属性上没有匹配值的元组。如果不想丢弃那些元组,应采用下列哪个操作?(　　)

A. 聚集　　　　　　　　　　　　　　　　B. 赋值

C. 外部并　　　　　　　　　　　　　　　D. 外连接

33.如果对关系 emp(eno,ename,salary)成功执行 SQL 语句

CREATE CLUSTER INDEX name_index ON emp(salary)

其结果是(　　)。

A. 在 emp 表上按 salary 升序创建了一个聚簇索引　　B. 在 emp 表上按 salary 降序创建了一个聚簇索引

C. 在 emp 表上按 salary 升序创建了一个唯一索引　　D. 在 emp 表上按 salary 降序创建了一个唯一索引

34.设 R 和 S 分别是 r 和 s 元关系,且 R 有 n 个元组,S 有 m 个元组。执行关系 R 和 S 的笛卡儿积,记为 T＝R×S,则(　　)。

A. T 的元数是(r＋s),且有(n＋m)个元组　　B. T 的元数是(r＋s),且有(n×m)个元组

C. T 的元数是(r×s),且有(n＋m)个元组　　D. T 的元数是(r×s),且有(n×m)个元组

35.在面向对象数据模型中,子类可以从其超类中继承所有的属性和方法,这有利于实现(　　)。

A. 可移植性　　　　　　　　　　　　　　B. 可扩充性

C. 安全性　　　　　　　　　　　　　　　D. 可靠性

36.为了考虑安全性,每个部门的领导只能存取本部门员工的档案,为此 DBA 应创建相应的(　　)。

A. 表(table)　　　　　　　　　　　　　　B. 索引(index)

C. 视图(view)　　　　　　　　　　　　　D. 游标(cursor)

37.在数据库中,产生数据不一致的根本原因是(　　)。

A. 数据存储量过大　　　　　　　　　　　B. 缺乏数据保护机制

C. 数据冗余　　　　　　　　　　　　　　D. 缺乏数据安全性控制

第 38～41 题基于"学生—选课—课程"数据库中的三个关系

S(S＃,SNAME,SEX,AGE),SC(S＃,C＃,GRADE),C(C＃,CNAME,TEACHER)

它们的主码分别是 S＃、(S＃,C＃)、C＃。

38.下列关于保持数据完整性的叙述中,哪一条是不正确的?(　　)

A. 向关系 SC 插入元组时,S＃ 或 C＃ 中的一个可以是空值(NULL)

B. 可以任意删除关系 SC 中的元组

C. 向任何一个关系插入元组时,必须保证关系主码值的唯一性

D. 不可以任意删除关系 C 中的元组

39.为了提高查询速度,对 SC 表(关系)创建唯一索引,应该创建在哪个(组)属性上?(　　)

A. S＃　　　　　　　　　　　　　　　　B. C＃

C. GRADE　　　　　　　　　　　　　　D. (S＃,C＃)

40.将学生的学号及他的平均成绩定义为一个视图。创建这个视图的语句中使用的子查询将包括下列哪些子句?(　　)

Ⅰ. SELECT　　　　　　　　　　　　　　Ⅱ. FROM

Ⅲ. WHERE　　　　　　　　　　　　　　Ⅳ. GROUP BY

Ⅴ. ORDER BY

A. 仅Ⅰ、Ⅱ和Ⅲ　　　　　　　　　　　B. 仅Ⅰ、Ⅱ和Ⅳ

C. 仅Ⅰ、Ⅱ、Ⅲ和Ⅳ　　　　　　　　　D. 都包括

41.查询"选修了课程号 C＃＝'C2'的学生的学生号",正确的表示是(　　)。

Ⅰ. πS＃(σC＃＝'C2'(SC.))　　　　　　Ⅱ. σC＃＝'C2'(πS＃(S))

Ⅲ. SELECT S＃ FROM SC WHERE C＃＝'C2'

A. 仅Ⅰ和Ⅱ　　　　　　　　　　　　　B. 仅Ⅱ和Ⅲ

C. 仅Ⅰ和Ⅲ　　　　　　　　　　　　　D. 都正确

42.数据字典又称为(　　)。

A. 数据模型　　　　　　　　　　　　　　B. 系统目录

C.系统模型 D.用户口令

43.下列条目中哪些是非易失性的存储设备?(　　)

Ⅰ.高速缓冲存储器 Ⅱ.主存储器

Ⅲ.第二级存储器 Ⅳ.第三级存储器

A.仅Ⅰ和Ⅱ B.仅Ⅱ和Ⅲ

C.仅Ⅰ和Ⅳ D.仅Ⅲ和Ⅳ

44.下列关于数据存储组织的叙述中,哪一条是不正确的?(　　)

A.一个数据库被映射为多个不同的文件,它们由操作系统来维护

B.一个文件可以只存储一种固定长度的记录,也可以存储多种长度不同的记录

C.数据库映射的文件存储于磁盘上的磁盘块中

D.磁盘块常常采用分槽的页结构,如果一条记录被删除,只需将对应的条目置成被删除状态,而不用对之前的记录进行移动

45.下列关于故障恢复的叙述中,哪一条是不正确的?(　　)

A.系统可能发生的故障类型主要有事务故障、系统故障和磁盘故障

B.利用更新日志记录中的改前值可以进行 UNDO,利用改后值可以进行 REDO

C.写日志的时候,一般是先把相应的数据库修改写到外存的数据库中,再把日志记录写到外存的日志文件中

D.磁盘故障的恢复需要 DBA 的介入

46.下列关于 SQL server2000 数据库的叙述中,哪一条是不正确的?(　　)

A.Master 控制用户数据库和 SQL Server 的整体运行

B.Master 为创建新的用户数据库提供模板或原型

C.Msdb 为调度信息和作业历史提供存储区域

D.Pubs 是系统提供的公共区域

47.下列哪些条目是 SQL Server 2000 中常用的对象?(　　)

Ⅰ.表 Ⅱ.数据类型

Ⅲ.约束 Ⅳ.规则

Ⅴ.视图 Ⅵ.索引

Ⅶ.默认值

A.仅Ⅰ、Ⅲ、Ⅴ和Ⅵ B.仅Ⅰ、Ⅱ、Ⅳ和Ⅴ

C.仅Ⅰ、Ⅲ、Ⅴ、Ⅵ和Ⅷ D.都是

48.下列关于 Oracle 数据仓库的叙述中,哪一条是不正确的?(　　)

A.Oracle Express Server 是服务器端的产品

B.Oracle Express Objects 和 Oracle Express Analyzer 是客户端的产品

C.Oracle Express Analyzer 是联机分析处理服务器

D.Oracle Express Objects 是可视化工具

49.下列关于 Oracle 的对象—关系特性的叙述中,哪一条是不正确的?(　　)

A.Oracle 对象—关系模型的核心是面向对象数据库

B.对象实体的一些属性是多值的,可使用可变长数组来表示

C.在对象模型中,对象的某些属性也可以是对象,可使用嵌套表来表示

D.抽象数据类型由对象的属性及其方法组成,可用于创建对象表

50.由于关系模式设计不当所引起的更新异常指的是(　　)。

A.两个事务并发地对同一数据项进行更新而造成的数据库不一致

B.未经授权的用户对数据进行了更新

C.关系的不同元组中数据冗余,更新时未能同时更新所有有关元组而造成数据库不一致

D.对数据的更新因为违反完整性约束条件而遭到拒绝

51.下列关于数据依赖的叙述中,哪一(些)条是不正确的?(　　)

Ⅰ.关系模式的规范化问题与数据依赖的概念密切相关

Ⅱ.数据依赖是现实世界属性间相互联系的抽象

Ⅲ.数据依赖极为普遍地存在于现实世界中,是现实世界语义的体现

Ⅳ.数据依赖是通过一个关系中各个元组的某些属性值之间的相等与否体现出来的相互关系

Ⅴ.只有两种类型的数据依赖:函数依赖和多值依赖

A.仅Ⅰ和Ⅲ   B.仅Ⅱ和Ⅴ

C.仅Ⅳ   D.仅Ⅴ

52.下面关于非平凡的函数依赖的叙述中,哪一条是正确的?(　　)

A.若 X→Y,且 Y⊂X,则称 X→Y 为非平凡的函数依赖

B.若 X→Y,且 Y⊄X,则称 X→Y 为非平凡的函数依赖

C.若 X→Y,且 X⊂Y,则称 X→Y 为非平凡的函数依赖

D.若 X→Y,Y→X,则称 X→Y 为非平凡的函数依赖

53.设 U 为所有属性,X、Y、Z 为属性集,Z=U−X−Y,下面关于多值依赖的叙述中,哪一条是正确的?(　　)

A.设 XYWU,若 X→→Y 在 R(W)上成立,则 X→→Y 在 R(U)上成立

B.若 X→→Y 在 R(U)上成立,且 Y'Y,则 X→→Y'在 R(U)上成立

C.若 X→→Y,则 X→→Z

D.若 X→→Y,则 X→Y

第54~55题基于以下描述:有关系模式 R(S,T,C,D,G),根据语义有如下函数依赖集:F={(S,C)→T,C→D,(S,C)→G,T→C}。

54.关系模式 R 的候选关键码(　　)。

A.仅有 1 个,为(S,C)   B.仅有 1 个,为(S,T)

C.有 2 个,为(S,C)和(T)   D.有 2 个,为(S,C)和(S,T)

55.交通系统模式 R 的规范化程度最高达到(　　)。

A.1NF   B.2NF

C.3NF   D.4NF

56.若在数据库设计过程中,将关系模式 R<U,F>分解为关系模式 R1<U1,F1>,R2<U2,F2>,…,Rn<Un,Fn>。下列关于模式分解的叙述中,哪些条是正确的?(　　)

Ⅰ.模式分解具有无损连接性的含义是:若对于 R 的任何一个可能取值 r,都有 r 在 R1,R2,…,Rn 上的投影的自然连接等于 r

Ⅱ.模式分解保持函数依赖的含义是:F 所逻辑蕴含的函数依赖一定也由分解得到的各个关系模式中的函数依赖所逻辑蕴含

Ⅲ.若一个模式分解具有无损连接性,则该分解一定保持函数依赖

Ⅳ.若一个模式分解保持函数依赖,则该分解一定具有无损连接性

Ⅴ.模式分解可以做到既具有无损连接性,又保持函数依赖

Ⅵ.模式分解不可能做到既具有无损连接性,又保持函数依赖

A.仅Ⅰ、Ⅱ和Ⅴ   B.仅Ⅰ、Ⅱ和Ⅵ

C.仅Ⅰ和Ⅲ   D.仅Ⅱ和Ⅳ

57.下列关于浏览器/服务器结构软件开发的叙述中,哪一条是不正确的?(　　)

A.信息系统一般按照逻辑结构可划分为表现层、应用逻辑层和业务逻辑层

B.以应用服务器为中心的模式中,客户端一般有基于脚本和基于构件的两种实现方式

C.以 Web 服务器为中心的模式中,所有的数据库应用逻辑都在 Web 服务器端的服务器扩展程序中执行

D.以数据库服务器为中心的模式中,数据库服务器和 HTTP 服务器是紧密结合的

58.PowerDesigner DataArchitect 的主要功能是(　　)。

A.用于数据分析   B.用于数据库设计和构造

C.用于物理建模   D.用于数据仓库的设计

< 58 >

59.下列关于分布式数据库系统的叙述中,哪一条是不正确的?(　　)

A. 分布式数据库系统的数据存储具有分片透明性

B. 数据库分片和副本的信息存储在全局目录中

C. 数据在网络上的传输代价是分布式查询执行策略需要考虑的主要因素

D. 数据的多个副本是分布式数据库系统和集中式数据库系统都必须面对的问题

60.下列关于数据仓库的叙述中,哪一条是不正确的?(　　)

A. 数据仓库的概念于 1992 年由 W. H. Inmon 提出

B. 数据仓库的数据是反映历史变化的

C. 能够模式化为维属性和度量属性的数据统称为多维数据

D. 数据仓库的操作基于多维数据模型,维属性是决策者所关心的具有实际意义的数量

二、填空题

1.采用 IPv4 协议的互联网中,IP 地址的长度是_____位。

2.作为一个安全的网络系统提供的基本安全服务功能,_____服务可用于确定网络中信息传送的源结点用户与目的结点用户身份的真实性。

3.三元组法和十字链表法都可以用于_____矩阵的存储表示。

4.在有 n 个结点的二叉树的 llink－rlink 法存储表示中,必定有_____空指针。

5.m 阶 B＋树的每个非叶结点(除根外)至少有_____个孩子。

6.一个计算机系统中的存储体系由高速缓存、内存和_____组成。

7.解决进程之间传递大量信息问题有三类方案,分别是共享内存、_____和管道。

8._____页面淘汰算法不可能实现,但可以作为衡量其他页面淘汰算法好坏的标准。

9.由计算机、操作系统、数据库管理系统、数据库、应用程序以及用户等组成的一个整体称为_____。

10.若一个视图是从单个基本表导出,只是去掉了该基本表的某些行和某些列,并且保留了码,称这类视图为_____视图,这类视图可以如同基本表一样使用。

11.关系数据模型由关系数据结构、关系操作集合和_____三大要素组成。

12.将 SQL 嵌入主语言使用时必须解决三个问题,它们是:区分_____语句与主语言语句、数据库工作单元和程序工作单元之间的通信以及协调 SQL 语句与主语言语句处理记录的不同方式。

13.支持对于所要求的数据进行快速定位的附加数据结构称为_____。

14.事务通过执行 LOCK－S(Q)指令来申请数据项 Q 上的_____锁。

15.SQL Server 2000 使用_____语言来定义和操作数据,它是对标准 SQL－92 语言的功能扩充。

16.Oracle 数据库可以存储极大的对象,CLOB 表示_____大对象。

17.增广律是 Armstrong 公理系统的推理规则之一,它的含义是:设 F 是属性组 U 上的一组函数依赖,若 X→Y 为 F 所逻辑蕴含,且 ZU,则_____叠为 F 所逻辑蕴含。

18.在数据库设计中,进行 E-R 模型向关系模型的转换是_____结构设计阶段的任务。

19.对象数据库设计与关系数据库设计的主要区别是如何处理联系和_____以及操作的指定问题。

20.数据挖掘是一个从原始数据到信息再到_____发展的过程。

第3章　上机考试试题

第1套　上机考试试题

　　文件 IN.DAT 中存有 200 个 4 位整型数,函数 readData() 负责将 IN.DAT 中的数据读到数组 inBuf[] 中。请编制一函数 findData(),该函数的功能是:依次从数组 inBuf[] 中取出一个 4 位数,如果 4 位数连续大于该 4 位数前的 5 个数且该数是奇数(该 4 位数以前不满 5 个数,则不统计),该数必须能被 7 整除,则按照从小到大的顺序存入 outBuf[] 中,并用 count 记录下符合条件的数据的个数。函数 writeData() 负责将 outBuf[] 中的数据输出到文件 OUT.DAT 中,并且在屏幕上输出。

　　注意:部分源程序已给出。

　　程序中已定义数组:inBuf[200],outBuf[200];已定义变量:count。

　　请勿改动主函数 main()、读函数 readData() 和写函数 writeData() 的内容。

试题程序：

```
#include<stdio.h>
#define MAX 200
int inBuf[MAX],outBuf[MAX],count=0;
void findData()
{

}
void readData()
{
 int i;
 FILE * fp;
 fp=fopen("IN.DAT","r");
 for(i=0;i<MAX;i++)
 fscanf(fp,"%d",&inBuf[i]);
 fclose(fp);
}
void writeData()
{
 FILE * fp;
 int i;
 fp=fopen("OUT.DAT","w");
 fprintf(fp,"%d\n",count);
 for(i=0;i<count;i++)
 fprintf(fp,"%d\n",outBuf[i]);
 fclose(fp);
}
void main()
{
 int i;
 readData();
 findData();
 printf("the count of desired datas=%d\n",count);
 for(i=0;i<count;i++)
 printf("%d\n",outBuf[i]);
 printf("\n");
 writeData();
}
```

第2套　上机考试试题

　　请编制一个函数 arrange(int inBuf[10][9]),其功能是:将一正整数序列 $\{K_1,K_2,\cdots,K_9\}$ 重新排成一个新的序列。新序列中,比 K_1 小的数都在 K_1 的左面(后续的再向左存放),比 K_1 大的数都在 K_1 的右面(后续的再向右存放),从 K_1 向右扫描。函数 WriteData() 负责将 outBuf[] 中的数据输出到文件 OUT.DAT 中。

　　说明:在程序中已给出了 10 个序列,每个序列中有 9 个正整数,并存入数组 inBuf[10][9] 中,分别求出这 10 个新序列。

　　例如:序列排序前 {3,5,8,9,1,2,6,4,7}

　　序列排序后 { 2,1,3,5,8,9,6,4,7}

　　注意:部分源程序已给出。

　　请勿改动主函数 main() 和写函数 WriteData() 的内容。

< 60 >

试题程序：

```
#include <stdio.h>
void writeData();
int inBuf[10][9]={{6,8,9,1,2,5,4,7,3},
                  {3,5,8,9,1,2,6,4,7},
                  {8,2,1,9,3,5,4,6,7},
                  {3,5,1,2,9,8,6,7,4},
                  {4,7,8,9,1,2,5,3,6},
                  {4,7,3,5,1,2,6,8,9},
                  {9,1,3,5,8,6,2,4,7},
                  {2,6,1,9,8,3,5,7,4},
                  {5,3,7,9,1,8,2,6,4},
                  {7,1,3,2,5,8,9,4,6},
                 };
void arrangeValue()
{

}
void main()
{
    int i,j;
    arrangeValue();
    for(i=0;i<10;i++)
    {
        for(j=0;j<9;j++)
        {
            printf("%d",inBuf[i][j]);
            if(j<=7) printf(",");
        }
        printf("\n");
    }
    writeData();
}
void writeData()
{
    FILE * fp;
    int i,j;
    fp=fopen("OUT.DAT","w");
    for(i=0;i<10;i++)
    {
        for(j=0;j<9;j++)
        {
            fprintf(fp,"%d",inBuf[i][j]);
            if(j<=7) fprintf(fp,",");
        }
        fprintf(fp,"\n");
    }
    fclose(fp);
}
```

第 3 套　上机考试试题

请编制函数 int findValue(int outBuf[ ])，其功能是：在3位整数(100~999)中寻找符合下面条件的整数，并依次从小到大存入数组 b 中；它既是完全平方数，又有两位数字相同，例如 144,676 等。

满足该条件的整数的个数通过所编制的函数返回。

最后调用函数 WriteData()把结果输出到文件 OUT.DAT 中。

注意：部分源程序已给出。

请勿改动主函数 main()和写函数 WriteData()的内容。

试题程序：

```
#include <stdio.h>
void writeData(int,int b[]);
int findValue(int outBuf[ ])
{

}
void main()
{
    int b[20], num;
    num = findValue(b);
    writeData(num, b);
}
void writeData(int num, int b[])
{
    FILE * out;
    int i;
    out = fopen("OUT.DAT", "w");
    printf("num=%d\n", num);
```

```
fprintf(out, "num=%d\n", num);
for(i = 0; i < num; i++)
{
    printf("b[%d]=%d\n", i,b[i]);
```

```
    fprintf(out, "b[%d]=%d\n", i,b[i]);
}
fclose(out);
}
```

第4套 上机考试试题

请编制函数 ReadDat(),实现从文件 IN. DAT 中读取 1000 个十进制整数到数组 xx 中;请编制函数 Compute(),分别计算出 xx 中偶数的个数 even,奇数的平均值 ave1,偶数的平均值 ave2 以及方差 totfc 的值,最后调用函数 WriteDat()把结果输出到 OUT. DAT 文件中。

计算方差的公式如下:

$$tot fc = 1/N \sum_{i=1}^{N} (xx[i] - ave2)^2$$

设 N 为偶数的个数,xx[i] 为偶数,ave2 为偶数的平均值。

原始数据文件存放的格式是:每行存放 10 个数,并用逗号隔开(每个数均大于 0 且小于等于 2000)。

注意:部分源程序已给出。

请勿改动主函数 main()和输出数据函数 writeDat()的内容。

试题程序:

```
#include <stdio.h>
#include <stdlib.h>
#include <string.h>
#define MAX 1000
int xx[MAX],odd=0,even=0;
double ave1=0.0,ave2=0.0,totfc=0.0;
void WriteDat(void);
int ReadDat(void)
{int i;
FILE * fp;
if((fp=fopen("IN. DAT","r"))==NULL) return 1;
/ * * * 编制函数 ReadDat()的部分 * * * /

/ * * * * * * * * * * * * * * * * * * * * /
fclose(fp);
return 0;
}
void Compute(void)
{ int i,yy[MAX];
for(i=0;i<MAX;i++)
yy[i]=0;
for(i=0;i<MAX;i++)
if(xx[i]%2==0)//测试结点 i 是否是偶数
{ yy[even++]=xx[i];//将结点 i 存入数组 yy 中
ave2+=xx[i];}//将结点 i 累加存入 ave2 中
else
```

```
//如果结点 i 不是偶数
{ odd++;//累加变量 odd 记录奇数的个数
ave1+=xx[i];}//将 xx[i] 累加存入 ave1 中
if(odd==0) ave1=0;
else ave1/=odd;//计算奇数的平均数
if(even==0) ave2=0;
else ave2/=even;//计算偶数的平均数
for(i=0;i<even;i++)
totfc+=(yy[i]-ave2)*(yy[i]-ave2)/even;
}
void main()
{
int i;
for(i=0;i<MAX;i++)xx[i]=0;
if(ReadDat())
{
printf("数据文件 IN. DAT 不能打开!");
return;
}
Compute();
printf("EVEN=%dAVE1=%fAVER2=%fTOTFC
=%f",even,ave1,ave2,totfc);
WriteDat();
}
void WriteDat(void)
{
```

```
FILE * fp;
int i;
fp=fopen("OUT.DAT","w");
```

```
fprintf(fp,"%d%f%f%f",even,ave1,ave2,totfc);
fclose(fp);
}
```

第5套 上机考试试题

补充函数,要求实现如下功能:寻找并输出 11～999 之间的数 m,它满足 m,m_2,m_3 均为回文数(回文数是指各位数字左右对称的整数),例如:12321,505,1458541 等。满足上述条件的数如 m=11 时,m_2=121,m_3=1331 都是回文数。请编写 jsValue(long m)实现此功能。如果是回文数,则函数返回 1,不是则返回 0。最后,把结果输出到文件 OUT.DAT 中。

注意:部分源程序已经给出。

请勿改动主函数 Main()中的内容。

试题程序:

```
# include ⟨string.h⟩
# include ⟨stdio.h⟩
# include ⟨stdlib.h⟩
int jsValue(long n)
{
}
main()
{
long m;
FILE * out;
```

```
out=fopen("OUT.DAT","w");
for(m=11;m<1000;m++)
if(jsValue(m)&&jsValue(m*m)&&jsValue(m*m*
m))
{
printf("m=%4ld,m*m=%6ld,m*m*m=%8ld",
m,m*m,m*m*m);
fprintf(out,"m=%4ld,m*m=%6ld,m*m*m=%
8ld",m,m*m,m*m*m);}
fclose(out);}
```

第6套 上机考试试题

请编写函数 countValue(),其功能是:计算 500～800 之间素数的个数 count,并按所求素数的值从小到大的顺序,再计算其间隔加、减之和,即第 1 个素数−第 2 个素数+第 3 个素数−第 4 个素数+第 5 个素数……的值 sum。函数 WriteData()负责把结果输出到 OUT.DAT 文件中。

注意:部分源程序已给出。

请勿改动主函数 main()和写函数 WriteData()的内容。

试题程序:

```
# include ⟨stdio.h⟩
int count,sum;
void writeData();
void countValue()
{

}
void main()
{
count=sum=0;
countValue();
```

```
printf("count=%d,sum=%d",count,sum);
writeData();
}
void writeData()
{
FILE * fp;
fp=fopen("OUT.DAT","w");
fprintf(fp,"%d%d",count,sum);
fclose(fp);
}
```

第 7 套 上机考试试题

文件 IN. DAT 中存有 200 个 4 位整型数,函数 ReadData()负责将 IN. DAT 中的数读到数组 inBuf[]中。请编写函数 findValue(),其功能是:求出千位数上的数加百位数上的数等于十位数上的数加个位数上的数,按照从大到小的顺序存入数组 outBuf[]中,并用 count 记录下符合条件的数的个数。函数 WriteData()负责将 outBuf[]中的数输出到文件 OUT. DAT 中并且在屏幕上显示出来。

注意:部分源程序已给出。

程序中已定义数组 inBuf[200],outBuf[200];已定义变量 count。

请勿改动主函数 main()、读函数 ReadData()和写函数 WriteData()的内容。

试题程序:

```
#include <stdio.h>
#define NUM 200
int inBuf[NUM], outBuf[NUM], count=0;
void readData();
void writeData();

void findValue()
{

}

void main()
{
    int i;
    readData();
    findValue();
    writeData();
    printf("count=%d\n", count);
    for(i=0; i<count; i++)
    printf("outBuf[%d]=%d\n", i, outBuf[i]);
```

```
}
void readData()
{
    FILE * fp;
    int i;
    fp = fopen("IN. DAT", "r");
    for(i=0; i<NUM; i++)
    fscanf(fp, "%d,", &inBuf[i]);
    fclose(fp);
}
void writeData()
{
    FILE * fp;
    int i;
    fp = fopen("OUT. DAT", "w");
    fprintf(fp, "count=%d\n",count);
    for(i=0; i<count; i++)
    fprintf(fp, "%d,\n", outBuf[i]);
    fclose(fp);
}
```

第 8 套 上机考试试题

请编写函数 countValue(),其功能是:找出所有 100 以内(含 100)满足 I,I+4,I+10 都是素数的整数 I(I+10 也是在 100 以内)的个数 count,以及这些 I 之和 sum。函数 WriteData()负责把结果输出到 OUT. DAT 文件中。

注意:部分源程序已给出。

请勿改动主函数 main()和写函数 WriteData()的内容。

试题程序:

```
#include <stdio.h>
int count,sum;
void writeData();
void countValue()
```

```
{

}
void main()
```

```
{                                              {
count＝sum＝0;                                  FILE * fp;
countValue();                                  fp＝fopen("OUT. DAT","w");
printf("count＝%dsum＝%d",count,sum);            fprintf(fp,"%d%d",count,sum);
writeData();                                   fclose(fp);
}                                              }
void writeData()
```

第9套　上机考试试题

文件 IN. DAT 中存有 200 个 4 位整型数,函数 ReadData()负责将 IN. DAT 中的数读到数组 inBuf[]中。请编写函数 findValue(),其功能是:求出千位数上的数减百位数上数减十位数上的数减个位数上的数大于零的数,按照从小到大的顺序存入数组 outBuf[]中,并用 count 记录下符合条件的数的个数。函数 WriteData()负责将 outBuf[]中的数输出到文件 OUT. DAT 中并且在屏幕上显示出来。

注意:部分源程序已给出。

程序中已定义数组:inBuf[200],outBuf[200],已定义变量:count。

请勿改动主函数 main()、读函数 ReadData()和写函数 WriteData()的内容。

试题程序:

```
#include <stdio. h>                          void readData()
#define NUM 200                              {
int inBuf[NUM], outBuf[NUM], count＝0;            FILE * fp;
void readData();                                int i;
void writeData();                               fp = fopen("IN. DAT", "r");
void findValue()                                for(i＝0; i<NUM; i++)
{                                                   fscanf(fp, "%d,", &inBuf[i]);
                                                fclose(fp);
}                                            }
void main()                                  void writeData()
{                                            {
    int i;                                       FILE * fp;
    readData();                                  int i;
    findValue();                                 fp = fopen("OUT. DAT", "w");
    writeData();                                 fprintf(fp, "count＝%d\n",count);
    printf("count＝%d\n", count);                 for(i＝0; i<count; i++)
    for(i＝0; i<count; i++)                           fprintf(fp, "%d,\n", outBuf[i]);
        printf("outBuf[%d]＝%d\n", i, outBuf[i]);      fclose(fp);
}                                            }
```

第10套　上机考试试题

请编写函数 findRoot( ),其功能是:利用以下所示的简单迭代方法求方程 cos(x)－x＝0 的一个实根。

迭代步骤如下:

(1)取 x_1 初值为 0.0。

(2)把 x_1 的值赋给 x_0，即 $x_0 = x_1$。

(3)求出一个新的 x_1，即 $x_1 = \cos(x_0)$。

(4)若 $x_0 - x_1$ 的绝对值小于 0.000001，执行步骤(5)，否则执行步骤(2)。

(5)所求 x_1 就是方程 $\cos(x) - x = 0$ 的一个实根，作为函数值返回。

函数 writeData() 负责把结果输出到 OUT. DAT 文件中。

注意：部分源程序已给出。

请勿改动主函数 main() 和写函数 writeData() 的内容。

试题程序：

```
#include <stdlib.h>
#include <math.h>
#include <stdio.h>
void writeData();
float findRoot()
{
float x1=0.00,x0;
int i=0;
do
}
{
x0=x1;  //将 x1 的值赋给 x0
x1=cos(x0);  //得到一个新的 x1 的值
}
while(fabs(x1-x0)>0.000001);  //如果
误差比所要求的值大,则继续循环
```

```
return x1;
}
void main()
{
system("CLS");
printf("root=%f",findRoot());
writeData();
}
void writeData()
{
FILE * wf;
wf=fopen("OUT.DAT","w");
fprintf(wf,"%f",findRoot());
fclose(wf);
}
```

第11套　上机考试试题

文件 IN. DAT 中存有 1000～4999 的 4 位整型数，函数 ReadData() 负责将 IN. DAT 中的数读到数组 inBuf[] 中。请编写函数 findValue()，其功能是：求出满足千位数字与百位数字之和等于十位数字与个位数字之和，且千位数字与百位数字之和等于个位数字与千位数字之差的 10 倍的数，并输出这些满足条件的数的个数 count 及这些数的和 sum。函数 WriteData() 负责将 outBuf[] 中的数输出到文件 OUT. DAT 中并且在屏幕上显示出来。

注意：部分源程序已给出。

程序中已定义数组：inBuf[200],outBuf[200]，已定义变量：count。

请勿改动主函数 main()、读函数 ReadData() 和写函数 WriteData() 的内容。

试题程序：

```
#include <stdio.h>
#define NUM 4000
int inBuf[NUM], outBuf[NUM], count=0,sum=0;
void readData();
void writeData();
void findValue()
{
}
void main()
```

```
{
readData();
findValue();
writeData();
printf("count=%d\n",count);
printf("sum=%d\n",sum);
}
void readData()
{
```

```
FILE * fp;
int i;
fp = fopen("IN. DAT", "r");
for(i=0; i<NUM; i++)
fscanf(fp, "%d,", &inBuf[i]);
fclose(fp);
}
```

```
void writeData()
{
    FILE * fp;
    fp = fopen("OUT. DAT", "w");
    fprintf(fp, " count = % d\ nsum = % d\ n", count,
    sum);
    fclose(fp);}
```

➡ 第12套　上机考试试题

　　文件 IN. DAT 中存放有 100 条对 10 个候选人进行选举的记录,数据存放的格式是每条记录的长度均为 10 位,第一位表示第一个人的选中情况,第二位表示第二个人的选中情况,依次类推。每一位内容均为字符 0 或 1,1 表示此人被选中,0 表示此人未被选中,若一张选票选中人数小于等于 5 个人时则被认为是无效的选票。函数 ReadData() 负责将 IN. DAT 中的内容读入数组 inBuf[]中。请编制函数 calculate()来统计每个人的选票数并把得票数依次存入 outBuf[0]outBuf[9]中,最后写函数 WriteData()把结果 outBuf[]输出到文件 OUT. DAT 中。

　　注意:部分源程序已给出。

　　请勿改动主函数 main()、读函数 ReadData()和写函数 WriteData()的内容。

试题程序:

```
# include 〈stdio. h〉
# include 〈memory. h〉
# define LINE 100
# define COL 10
# define THR 5
char inBuf[LINE][COL];
int outBuf[COL];
int readData(void);
void writeData(void);
void calculate(void)
{
}
void main()
{
int i;
for (i=0; i<10; i++) outBuf[i] = 0;
if(readData())
{
printf("IN. DAT can't be opened");
return;
}
calculate();
writeData();
}
int readData(void)
{
```

```
FILE * fp;
int i;
char tt[COL+1];
if((fp = fopen("IN. DAT", "r")) == NULL)
return 1;
for (i = 0; i < LINE; i++)
{
if(fgets(tt, COL+2, fp) == NULL)
return 1;
memcpy(inBuf[i], tt, COL);
}
fclose(fp);
return 0;
}
void writeData(void)
{
FILE * fp;
int i;
fp = fopen("OUT. DAT", "w");
for(i = 0; i < 10; i++)
{
fprintf(fp, "%d", outBuf[i]);
printf("the amounts of number%d's votes= %d", i+1,
outBuf[i]);
}
fclose(fp);}
```

< 67 >

第13套　上机考试试题

编写一个函数 findStr( )，该函数的功能是：统计一个以单词组成的字符串中(各单词之间以空格隔开)所含指定长度单词的个数。例如，输入字符串为"you are very good you"，指定要查找的单词的长度为3，则函数返回值是3。

函数 readWriteData ( )的功能是从 IN. DAT 中读取字符串和子字符串，并把统计结果输出到屏幕和文件 OUT. DAT 中。

注意：部分源程序已给出。

请勿改动主函数 main( )和函数 WriteData(int n)中的内容。

试题程序：

```
#include <stdio.h>
#include <string.h>
#include <stdlib.h>
void readWriteData();
int findStr(char * str,int find_len)
{

}
void main()
{
char str[81];
int find_len;
int n;
system("CLS");
printf("input the strings:");
gets(str);
printf("input the length:");
scanf("%d",&find_len);
puts(str);
printf("length=%d",find_len);
n=findStr(str,find_len);
printf("n=%d",n);
readWriteData();
}
void readWriteData()
{
char str[81],substr[11];
int n,len,i=0;
FILE * rf,* wf;
rf=fopen("IN.DAT","r");
wf=fopen("OUT.DAT","w");
while(i<3)
{
fgets(str,80,rf);
fgets(substr,10,rf);
len=substr[0]-'0';
n=findStr(str,len);
fprintf(wf,"%d",n);
i++;
}
fclose(rf);
fclose(wf);
}
```

第14套　上机考试试题

已知在文件 IN. DAT 中存有 100 个产品销售记录，每个产品销售记录由产品代码 dm(字符型4位)，产品名称 mc(字符型 10 位)，单价 dj(整型)，数量 sl(整型)，金额 je(长整型)五部分组成。其中，"金额＝单价＊数量"计算得出。函数 ReadDat( )是读取这 100 个销售记录并存入结构数组 sell 中。请编制函数 SortDat( )，其功能要求：

按产品代码从大到小进行排列，若产品代码相同，则按金额从大到小进行排列，最终排列结果仍存入结构数组 sell 中，最后调用函数 WriteDat( )把结果输出到文件 OUT6. DAT 中。

注意：部分源程序已给出。

请勿改动主函数 main( )、读数据函数 ReadDat( )和输出数据函数 WriteDat( )的内容。

试题程序:

```
#include <stdio.h>
#include <mem.h>
#include <string.h>
#include <conio.h>
#include <stdlib.h>
#define MAX 100
typedef struct
{
 char dm[5];  /*产品代码*/
 char mc[11];  /*产品名称*/
 int dj;  /*单价*/
 int sl;  /*数量*/
 long je;  /*金额*/
}
PRO;
PRO sell[MAX];
void ReadDat();
void WriteDat();
void SortDat()
{
}
void main()
{
 memset(sell,0,sizeof(sell));
 ReadDat();
 SortDat();
 WriteDat();
}
void ReadDat()
{
 FILE * fp;
```

```
 char str[80],ch[11];
 int i;
 fp=fopen("IN.DAT","r");
 for(i=0;i<100;i++)
 {
  fgets(str,80,fp);
  memcpy(sell[i].dm,str,4);
  memcpy(sell[i].mc,str+4,10);
  memcpy(ch,str+14,4);ch[4]=0;
  sell[i].dj=atoi(ch);
  memcpy(ch,str+18,5);ch[5]=0;
  sell[i].sl=atoi(ch);
  sell[i].je=(long)sell[i].dj * sell[i].sl;
 }
 fclose(fp);
}
void WriteDat(void)
{
 FILE * fp;
 int i;
 fp=fopen("OUT6.DAT","w");
 for(i=0;i<100;i++)
 {
  printf("%s %s %4d %5d %5d\n", sell[i].dm,sell
   [i].mc,sell[i].dj,sell[i].sl,sell[i].je);
  fprintf(fp,"%s %s %4d %5d %5d\n", sell[i].dm,
   sell[i].mc,sell[i].dj,sell[i].sl,sell[i].je);
 }
 fclose(fp);
}
```

第15套　上机考试试题

　　文件 IN.DAT 中存有 200 个 4 位整型数,函数 ReadData()负责将 IN.DAT 中的数读到数组 inBuf[]中。请编写函数 findValue(),其功能是:求出千位数字上的值加十位数字上的值等于百位数字上的值减上个位数字上的值,并且此 4 位数是偶数的数,用 count 记录下符合条件的数的个数并按照从小到大的顺序存入数组 outBuf[]中。函数 WriteData()负责将 outBuf[]中的数输出到文件 OUT.DAT 中并且在屏幕上显示出来。

　　注意:部分源程序已给出。

　　程序中已定义数组:inBuf[200],outBuf[200],已定义变量:count。

　　请勿改动主函数 main()、读函数 ReadData()和写函数 WriteData()的内容。

　　试题程序:

```
#include <stdio.h>
```

```
#define NUM 200
```

```
int inBuf[NUM], outBuf[NUM], count=0;
void readData();
void writeData();
void findValue()
{

}
void main()
{
    int i;
    readData();
    findValue();
    writeData();
    printf("count=%d\n", count);
    for(i=0; i<count; i++)
    printf("outBuf[%d]=%d\n", i, outBuf[i]);
}
void readData()
```

```
{
    FILE * fp;
    int i;
    fp = fopen("IN. DAT", "r");
    for(i=0; i<NUM; i++)
    fscanf(fp, "%d,", &inBuf[i]);
    fclose(fp);
}
void writeData()
{
    FILE * fp;
    int i;
    fp = fopen("OUT. DAT", "w");
    fprintf(fp, "count=%d\n",count);
    for(i=0; i<count; i++)
    fprintf(fp, "%d,\n", outBuf[i]);
    fclose(fp);
}
```

第16套 上机考试试题

文件 IN. DAT 中存放有字符数据,函数 ReadData()负责从中读取 20 行数据存放到字符串数组 inBuf[]中(每行字符串的长度均小于 80)。请编制函数 arrangeChar(),该函数的功能是:以行为单位,对字符串变量的下标为奇数位置上的字符,按其 ASCII 码值从小到大的顺序进行排序,对字符串变量的下标为偶数位置上的字符,按其 ASCII 码值从大到小的顺序进行排序,排序后的结果仍按行重新存入字符串数组 inBuf[]中,并且奇数位还保存在奇数位上,偶数位还保存在偶数位上。函数 WriteData()负责把结果 inBuf 输出到文件 OUT. DAT 中。

例如:位置 01234567

源字符串 ahcfedgb

则处理后字符串 gbedcfah

注意:部分源程序已给出。

请勿改动主函数 main( )、读函数 ReadData()和写函数 WriteData( )的内容。

试题程序:

```
# include <stdlib. h>
# include <stdio. h>
# include <string. h>
# include <ctype. h>
# define LINE 50
# define COL 80
char inBuf[LINE][COL];
int totleLine = 0;/*文章的总行数*/
int ReadData(void);
void WriteData(void);
void arrangeChar()
{
```

```
}
void main()
{
system("CLS");
if(ReadData())
{
printf("IN. DAT can't be open!');
if(p) * p = 0;
i++;
}
totleLine = i;
fclose(fp);
```

```
return 0;
}
void WriteData(void)
{
FILE *fp;
int i;
fp = fopen("OUT. DAT", "w");
```

```
for(i = 0; i < totleLine; i++)
{
printf("%s", inBuf[i]);
fprintf(fp, "%s", inBuf[i]);
}
fclose(fp);
}
```

第17套 上机考试试题

文件 IN. DAT 中存有 200 个 4 位整型数,函数 ReadData()负责将 IN. DAT 中的数读到数组 inBuf[]中。请编写函数 findValue(),其功能是:把千位数字和十位数重新组成一个新的十位数 ab(新十位数的十位数是原 4 位数的千位数,新十位数的个位数是原 4 位数的十位数),以及把个位数和百位数组成另一个新的十位数 cd(新十位数的十位数是原 4 位数的个位数,新十位数的个位数是原 4 位数的百位数),新组成两个十位数 $ab-cd>=0$,且 $ab-cd<=10$,且两个数均是奇数。求出满足条件的数,用 count 记录下符合条件的数的个数并按照从小到大的顺序存入数组 outBuf[]中。函数 WriteData()负责将 outBuf[]中的数输出到文件 OUT. DAT 中并在屏幕上显示出来。

注意:部分源程序已给出。

程序中已定义数组:inBuf[200],outBuf[200],已定义变量:count。

请勿改动主函数 main()、读函数 ReadData()和写函数 WriteData()的内容。

试题程序:

```
#include <stdio. h>
#define NUM 200
int inBuf[NUM], outBuf[NUM], count=0;
void readData();
void writeData();
void findValue()
{


}

void main()
{
    int i;
    readData();
    findValue();
    writeData();
    printf("count=%d\n", count);
    for(i=0; i<count; i++)
    printf("outBuf[%d]=%d\n", i, outBuf[i]);
}
```

```
void readData()
{
    FILE *fp;
    int i;
    fp = fopen("IN. DAT", "r");
    for(i=0; i<NUM; i++)
    fscanf(fp, "%d,", &inBuf[i]);
    fclose(fp);
}

void writeData()
{
    FILE *fp;
    int i;
    fp = fopen("OUT. DAT", "w");
    fprintf(fp, "count=%d\n",count);
    for(i=0; i<count; i++)
    fprintf(fp, "%d,\n", outBuf[i]);
    fclose(fp);
}
```

< 71 >

第18套 上机考试试题

已知数列 Xn 的前两项为 2 和 3,其后继项根据当前最后两项的乘积按下列规则生成:①若乘积为 1 位数,则该乘积为数列的后继项;②若乘积为 2 位数,则该乘积的十位数字和个位数字依次作为数列的两个后继项。

请编写函数 void produceX(int n),生成该数列的前 n 项(n<100),并把它保存在数组 outBuf 中,再把这前 100 项的和保存在整型变量 sum 中。readWriteData() 函数负责将 n 值从 IN. DAT 文件中读出,并将结果 outBuf 输出到文件 OUT. DAT 中。

注意:部分源程序已经给出。

请勿改动主函数 main() 和输出函数 WriteData() 的内容。

试题程序:

```
#include <stdio.h>
int outBuf[200],sum=0;
void readWriteData();
void produceX(int n)
{

}
void main()
{
int n,i;
printf("please input the amounts n:");
scanf("%d",&n);
produceX(n);
for(i=0;i<n;i++)
printf("%d,",outBuf[i]);
readWriteData();
}
void readWriteData()
{
FILE * wf,* rf;
char str[5];
int j=0,i,len;
rf=fopen("IN. DAT","r");
wf = fopen("OUT. DAT", "w");
while(j<3)
{
fgets(str,4,rf);
len=(str[0]-'0') * 10+str[1]-'0';
produceX(len);
for(i=0;i<len;i++)
fprintf(wf, "%d,",outBuf[i]);
fprintf(wf,"");
j++;
}
fclose(wf);
fclose(rf);
}
```

第19套 上机考试试题

文件 IN. DAT 中存有 200 个 4 位整型数,函数 ReadData() 负责将 IN. DAT 中的数读到数组 inBuf[] 中。请编写函数 findValue(),其功能是:把千位数和十位数重新组合成一个新的十位数 ab(新十位数的十位数是原 4 位数的千位数,新十位数的个位数是原 4 位数的十位数),以及把个位数和百位数组成另一个新的十位数 cd(新十位数的十位数是原 4 位数的个位数,新十位数的个位数是原 4 位数的百位数),新组成的两个十位数 ab−cd≥10 且 ab−cd≤20 且两个均为偶数,同时两个新十位数均不为零。求出满足条件的数,用 count 记录下符合条件的数的个数并按照从大到小的顺序存入数组 outBuf[] 中。函数 WriteData() 负责将 outBuf[] 中的数输出到文件 OUT. DAT 中并且在屏幕上显示出来。

注意:部分源程序已给出。

程序中已定义数组:inBuf[200],outBuf[200],已定义变量:count。

请勿改动主函数 main()、读函数 ReadData() 和写函数 WriteData() 的内容。

< 72 >

试题程序:

```
#include <stdio.h>
#define NUM 200
int inBuf[NUM], outBuf[NUM], count=0;
void readData();
void writeData();
void findValue()
{

}

void main()
{
    int i;
    readData();
    findValue();
    writeData();
    printf("count=%d\n", count);
    for(i=0; i<count; i++)
    printf("outBuf[%d]=%d\n", i, outBuf[i]);
}
```

```
void readData()
{
    FILE * fp;
    int i;
    fp = fopen("IN. DAT", "r");
    for(i=0; i<NUM; i++)
    fscanf(fp, "%d,", &inBuf[i]);
    fclose(fp);
}
void writeData()
{
    FILE * fp;
    int i;
    fp = fopen("OUT. DAT", "w");
    fprintf(fp, "count=%d\n",count);
    for(i=0; i<count; i++)
    fprintf(fp, "%d,\n", outBuf[i]);
    fclose(fp);
}
```

第20套　上机考试试题

现有一个10个人的100行选票数据文件IN. DAT,其数据存放的格式是每条记录的长度均为10位,第一位表示第一个人选中的情况,第二位表示第2个选中的情况,以此类推;内容均为字符0或1,0表示此人未被选中,1表示此人被选中。若一张选票人数大于5个人时被认为无效。给定函数Rdata()的功能是把选票数据读入到字符串组string中。请编写Coun-tRs()函数。其功能是实现:统计每个人的选票数并把票数依次存入result[0]到result[9],把结果result输出到OUT. DAT中。

注意:部门源程序已经给出。

请勿改动主函数main()和输出函数writedata()的内容。

试题程序:

```
#include<stdio.h>
char string[100][11];
int result[10];
int Rdata(void);
void Wdata(void);
void CountRs(void)
{
}
void main()
{
int i;
```

```
for(i=0;i<10;i++)
result[i]=0;
if(Rdata())
{
printf("选票数据文件IN. dat不能打开!",result[i]);
printf("第%d个人的选票数=%d",i+1,result[i]);
}
fclose(fp);

}
```

第21套 上机考试试题

文件 IN. DAT 中存有 200 个 4 位整型数，函数 ReadData() 负责将 IN. DAT 中的数读到数组 inBuf[]中。请编写函数 findValue()，其功能是：把千位数和十位数重新组合成一个新的十位数 ab(新十位数的十位数是原 4 位数的千位数，新十位数的个位数是原 4 位数的十位数)，以及把个位数和百位数组成另一个新的十位数 cd(新十位数的十位数是原 4 位数的个位数，新十位数的个位数是原 4 位数的百位数)，新组成的两个十位数 ab＜cd，ab 必须是奇数且不能被 5 整除，cd 必须是偶数，同时两个新十位数字均不为零。求出满足条件的数，用 count 记录下符合条件的数的个数，并按照从大到小的顺序存入数组 outBuf[]中。函数 WriteData() 负责将 outBuf[]中的数输出到文件 OUT. DAT 中并且在屏幕上显示出来。

程序中已定义数组：inBuf[200],outBuf[200]，已定义变量：count。

请勿改动主函数 main()、读函数 ReadData() 和写函数 WriteData() 的内容。

试题程序：

```
# include ⟨stdio. h⟩
# define NUM 200
int inBuf[NUM], outBuf[NUM], count=0;
void readData();
void writeData();
void findValue()
{

}
void main()
{
    int i;
    readData();
    findValue();
    writeData();
    printf("count=%d\n", count);
    for(i=0; i<count; i++)
    printf("outBuf[%d]=%d\n", i, outBuf[i]);
}
```

```
void readData()
{
    FILE * fp;
    int i;
    fp = fopen("IN. DAT", "r");
    for(i=0; i<NUM; i++)
    fscanf(fp, "%d,", &inBuf[i]);
    fclose(fp);
}
void writeData()
{
    FILE * fp;
    int i;
    fp = fopen("OUT. DAT", "w");
    fprintf(fp, "count=%d\n",count);
    for(i=0; i<count; i++)
    fprintf(fp, "%d,\n", outBuf[i]);
    fclose(fp);
}
```

第22套 上机考试试题

补充函数，要求实现如下功能：寻找并输出 11～999 之间的数 m，它满足 m,m2,m3 均为回文数(回文数是指各位数字左右对称的整数)，如 12321,505,1458541 等。满足上述条件的数如 m=11 时，m2=121，m3=1331 都是回文数。请编写 js-Value(long m)实现此功能。如果是回文数，则函数返回 1，不是则返回 0。最后，把结果输出到文件 out. dat 中。

注意：部分源程序已经给出。

请勿改动主函数 Main() 中的内容。

试题程序：

```
# include <stdio. h>
# include <stdlib. h>
# include <string. h>
```

```
int jsValue(long n)
{

}
```

```
main()
{
long m;
FILE * out;
out = fopen("out. dat", "w");
for (m=11; m<1000; m++)
if (jsValue(m) && jsValue(m * m) && jsValue(m *
m * m))
```

```
{printf("m=%4ld,m * m=%6ld,m * m * m=%8ld ",
m, m * m, m * m * m);
    fprintf(out,"m=%4ld, m * m=%6ld, m * m * m=%
8ld ", m, m * m, m * m * m);
    }
fclose(out);
}
```

第23套 上机考试试题

文件 IN. DAT 中存有 200 个 4 位整型数,函数 readData()负责将 IN. DAT 中的数读到数组 inBuf[]中。请编写函数 findValue(),其功能是:把个位数和千位数重新组合成一个新的十位数 ab(新十位数的十位数是原 4 位数的个位数,新十位数的个位数字是原 4 位数的千位数),以及把百位数和十位数组成另一个新的十位数 cd(新十位数的十位数是原 4 位数的百位数,新十位数的个位数是原 4 位数的十位数),新组成的两个十位数必须有一个是奇数,另一个为偶数且两个十位数中至少有一个数能被 17 整除,同时两个新数的十位数字均不为 0。求出满足条件的数,用 count 记录下符合条件的数的个数,并按照从大到小的顺序存入数组 outBuf[]中。函数 writeData()负责将 outBuf[]中的数输出到文件 OUT. DAT 中,并且在屏幕上显示出来。

程序中已定义数组:inBuf[200],outBuf[200],已定义变量:count。

请勿改动主函数 main()、读函数 readData()和写函数 writeData()的内容。

试题程序:

```
#include <stdio. h>
#define NUM 200
int inBuf[NUM], outBuf[NUM], count=0;
void readData();
void writeData();
void findValue()
{
}
void main()
{
 int i;
 readData();
 findValue();
 writeData();
 printf("count=%d\n", count);
 for(i=0; i<count; i++)
 printf("outBuf[%d]=%d\n", i, outBuf[i]);
}
void readData()
```

```
{
FILE * fp;
int i;
fp = fopen("IN. DAT", "r");
for(i=0; i<NUM; i++)
fscanf(fp, "%d,", &inBuf[i]);
fclose(fp);
}
void writeData()
{
FILE * fp;
int i;
fp = fopen("OUT. DAT", "w");
fprintf(fp, "count=%d\n",count);
for(i=0; i<count; i++)
fprintf(fp, "%d,\n", outBuf[i]);
fclose(fp);
}
```

第24套 上机考试试题

某级数的前两项 A1＝1,A2＝1,以后各项具有如下关系：

An＝An－2＋2An－1

请编制 Find_n( )函数,其功能是:要求依次对整数 M＝100,1000 和 10000 求出对应的 n 值,使其满足:Sn＜M 且 Sn＋1 ≥M,这里 Sn＝A1＋A2＋…＋An,并依次把 n 值存入数组单元 b[0],b[1],b[2]中,函数 WriteData()负责把结果输出到 OUT.DAT 文件中。

注意:部分源程序已给出。

请勿改动主函数 main()和写函数 WriteData()的内容。

试题程序:

```
# include <stdio. h>                          = %d",
int b[3];                                         b[0],b[1],b[2]);
void WriteData();                             WriteData();
void Find_n( )                                   }
{                                            void WriteData()
                                             {
}                                            FILE * fp;
void main()                                   fp=fopen("OUT. DAT","w");
{                                            fprintf(fp,"%d%d%d",b[0],b[1],b[2]);
Find_n( );                                    fclose(fp);
printf("M=100,n=%dM=1000,n=%dM=10000,n      }
```

第25套 上机考试试题

请编写函数 findValue(int * result,int * amount),其功能是:求出 1～1000 之内能被 7 或 11 整除但不能同时被 7 和 11 整除的所有整数并存放在数组 result 中,并通过 amount 返回这些数的个数。

注意:部分源程序已给出。

请勿改动主函数 main()和写函数 WriteData()的内容。

试题程序:

```
# include <stdlib. h>                         for(k=0;k<amount;k++)
# include <stdio. h>                          if((k+1) %10 ==0)
void writeData();                             {
void findValue(int * result,int * amount)     printf("%5d",result[k]);
{                                            printf("");
                                             }
}                                            else printf("%5d",result[k]);
void main()                                   writeData();
{                                            }
int result[1000],amount,k;                    void writeData()
system("CLS");                                {
findValue(result,&amount);                    int result[1000],amount,k;
printf("amount=%d",amount);                   FILE * fp;
```

< 76 >

```
fp＝fopen("OUT.DAT","w");
findValue(result,&amount);
for(k=0;k<amount;k++)
if((k+1)%10==0)
{
fprintf(fp,"%5d",result[k]);
```

```
fprintf(fp,"");
}
else fprintf(fp,"%5d",result[k]);
fclose(fp);
}
```

第26套 上机考试试题

文件 IN.DAT 中存有 300 个 4 位整型数,函数 ReadData()负责将 IN.DAT 中的数读到数组 inBuf[]中。请编写函数 findValue(),其功能是:求出个位数上的数减千位数上的数减百位数上的数减十位数上的数大于 0 的个数 count、所有满足此条件的 4 位数的平均值 average1,以及所有不满足此条件的 4 位数平均值 average2,最后调用函数 WriteData()把结果 count、average1、average2 输出到 OUT.DAT 文件中。

注意:部分源程序已给出。

程序中已定义数组:inBuf[200],已定义变量:count、average1、average2。

请勿改动主函数 main()、读函数 ReadData()和写函数 WriteData()的内容。

试题程序:

```
# include <stdio.h>
# define NUM 300
int inBuf[NUM],count=0;
double average1=0,average2=0;
void readData();
void writeData();
void findValue()
{


}
void main()
{
    readData();
    findValue();
    writeData();
    printf("count=%d\naverag1=%7.2lf\naverag2
    =%7.2lf\n",count,average1,average2);
}
```

```
void readData()
{
    FILE * fp;
    int i;
    fp = fopen("IN.DAT", "r");
    for(i=0; i<NUM; i++)
    fscanf(fp, "%d,", &inBuf[i]);
    fclose(fp);
}
void writeData()
{
    FILE * fp;
    fp = fopen("OUT.DAT", "w");
    fprintf(fp,"count=%d\naverag1=%7.2lf\naverag2
    =%7.2lf\n",count,average1,average2);
    fclose(fp);
}
```

第27套 上机考试试题

编写函数 int Fib_Res(int n),其功能是求 Fibonacci 数列 F(n)的值,结果由函数返回,其中 Fibonacci 数列 F(n)的定义为:

$F(0)=0,F(1)=1$

$F(n)=F(n-1)+F(n-2)$

函数 WriteData()负责把结果输出到 OUT.DAT 文件中。

例如:当 n = 1000 时,函数值为 1597。

< 77 >

注意:部分源程序已给出。

请勿改动主函数 main()和写函数 WriteData()的内容。

试题程序:

```c
#include <stdio.h>
#define DATA 1000
int sol;
void writeData();
int Fib_Res(int n)
{


}
void main()
{
int n;
n=DATA;
```

```c
sol=Fib_Res(n+1);
printf("n=%d, f=%d", n, sol);
writeData();
}
void writeData()
{
FILE * out;
out = fopen("OUT. DAT", "w");
fprintf(out, "f=%d", sol);
fclose(out);
}
```

第28套 上机考试试题

文件 IN. DAT 中存有 300 个 4 位整型数,函数 ReadData()负责将 IN. DAT 中的数读到数组 inBuf[]中。请编写函数 findValue(),其功能是:求出千位数上的数加个位数上的数等于百位数上的数加十位数上的数的个数 count,再求出所有满足此条件的 4 位数平均值 average1,以及所有不满足此条件的 4 位数平均值 average2,最后调用函数 WriteData()把结果 count、average1、average2 输出到 OUT. DAT 文件中。

注意:部分源程序已给出。

程序中已定义数组:inBuf[200],已定义变量:count,average1,average2。

请勿改动主函数 main()、读函数 ReadData()和写函数 WriteData()的内容。

试题程序:

```c
#include <stdio.h>
#define NUM 300
int inBuf[NUM],count=0;
double average1=0,average2=0;
void readData();
void writeData();
void findValue()
{


}
void main()
{
    readData();
    findValue();
    writeData();
    printf("count=%d\naverag1=%7.2lf\naverag2=%7.2lf\n",count,average1,average2);
}
```

```c
void readData()
{
    FILE * fp;
    int i;
    fp = fopen("IN. DAT", "r");
    for(i=0; i<NUM; i++)
        fscanf(fp, "%d,", &inBuf[i]);
    fclose(fp);
}
void writeData()
{
    FILE * fp;
    fp = fopen("OUT. DAT", "w");
    fprintf(fp,"count=%d\naverag1=%7.2lf\naverag2=%7.2lf\n",count,average1,average2);
    fclose(fp);
}
```

< 78 >

第29套 上机考试试题

在文件 IN. DAT 中有 200 个 4 位正整数。函数 readData()功能的是读取这 200 个数存放到数组 inBuf[]中。请编制函数 select()，其功能是：要求按每个数的后 3 位的大小进行升序排列，如果出现后 3 为相等的数，则对这些数按原始 4 位数进行降序排列。将排序后的前 10 个数存入到数组 outBuf[]找那个，最后调用函数 writeData()，把原始结果 outBuf[]输出到文件 OUT. DAT 中。

例如：处理前 3234 4234 2234 1234

处理后 1234 2234 3234 4234

注意：部分源程序已给出。

请勿改动主函数 main()、读函数 readData()和写函数 writedata()的内容。

试题程序：

```
#include <stdio.h>
#include <string.h>
#include <stdlib.h>
#define INCOUNT 200
#define OUTCOUNT 10
int inBuf[INCOUNT], outBuf[OUTCOUNT];
void readData();
void writeData();
void select()
{
}
void main()
{
 readData();
 select();
 writeData();
}
void readData()
{
 FILE * in;
 int i;
 in = fopen("IN. DAT", "r");
 for(i = 0; i < INCOUNT; i++) fscanf(in, "%d,",
 &inBuf[i]);
 fclose(in);
}
void writeData()
{
 FILE * out;
 int i;
 out = fopen("OUT. DAT", "w");
 system("CLS");
 for (i = 0; i < OUTCOUNT; i++)
 {
 printf("i=%d,%d\n", i+1, outBuf[i]);
 fprintf(out, "%d\n", outBuf[i]);
 }
 fclose(out);
}
```

第30套 上机考试试题

在文件 IN. DAT 中有 200 个 4 位正整数。函数 ReadData()的功能是读取这 200 个数存放到数组 inBuf[]中。请编制函数 select()，其功能是：要求按照每个数的后 3 位的大小进行升序排列，如果出现后 3 位相等的数，则对这些数按原始 4 位数顺序进行排列。将排序后的前 10 个数存入数组 outBuf[]中，最后调用函数 WriteData()，把结果 outBuf[]输出到文件 OUT. DAT 中。

例如：处理前 7011 9011 5011 1015 9011 5019

处理后 7011 9011 5011 9011 1015 5019

注意：部分源程序已给出。

请勿改动主函数 main()、读函数 ReadData()和函数 WriteData()的内容。

< 79 >

试题程序：

```
#include <stdio.h>
#include <string.h>
#include <stdlib.h>
#define INCOUNT 200
#define OUTCOUNT 10
int inBuf[INCOUNT], outBuf[OUTCOUNT];
void readData();
void writeData();
void select()
{

}
void main()
{
    readData();
    select();
    writeData();
}
void readData()
{
    FILE * in;
    int i;
    in = fopen("IN. DAT", "r");
    for(i = 0; i < INCOUNT; i++) fscanf(in, "%d,", &inBuf[i]);
    fclose(in);
}
void writeData()
{
    FILE * out;
    int i;
    out = fopen("OUT. DAT", "w");
    system("CLS");
    for (i = 0; i < OUTCOUNT; i++)
    {
        printf("i=%d,%d\n", i+1, outBuf[i]);
        fprintf(out, "%d\n", outBuf[i]);
    }
    fclose(out);
}
```

第4章 笔试考试试题答案与解析

 第1套 笔试考试试题答案与解析

一、选择题

1. C。【解析】程序设计语言根据其面向对象（机器、过程）的不同分为低级语言、高级语言两种。面向机器的计算机语言称为低级语言，面向过程的计算机语言称为高级语言。机器语言是以二进制代码表示的指令集合，是计算机能直接识别和执行的语言。汇编语言是符号化的机器语言，与机器语言相比，汇编语言容易写、容易懂，也容易记。高级语言是一种与具体计算机硬件无关，表达方式接近于人类自然语言的程序设计语言。

2. B。【解析】数据和信息处理是计算机重要的应用领域，当前的数据也已有更广泛的含义，它们都已成为计算机处理的对象。计算机数据处理应用广泛，例如航空订票系统、交通管制系统等都是实时数据和信息处理系统。

3. C。【解析】对于C类地址，其网络地址空间长度为21位，主机地址空间长度为8位。C类IP地址范围为192.0.0.0～223.255.255.255。主机名与它的IP地址一一对应，因此在Internet上访问一台主机既可以使用它的主机名，也可以使用它的IP地址。

4. D。【解析】超文本与超媒体是WWW的信息组织形式，也是WWW实现的关键技术之一。超文本采用非线性的网状结构组织信息。超媒体进一步扩展了超文本所链接的信息类型，用户可以激活一段声音，显示一个图形，甚至可以播放一段动画。

5. B。【解析】栈有后进先出的特点。栈是在表的一端进行插入和删除运算的线性表。栈的所有插入和删除均在栈顶进行，而栈底不允许插入和删除。

6. B。【解析】认证服务用于解决网络中信息传送的源结点用户与目的结点用户的身份的真实性，防止出现假冒、伪装等问题。在网络中两个用户开始通信时，系统要确认双方身份的合法性，同时要保证在通信过程中不会有第三方攻击所传输的数据，以确保网络中数据传输的安全性。

7. A。【解析】在计算机上，高级语言程序不能直接运行，必须将它们翻译成具体机器的机器语言才能执行。这种翻译是由编译程序来完成的

8. D。【解析】目前，电子邮件系统几乎可以运行在任何硬件与软件平台上，各种电子邮件系统所提供的服务功能基本上是相同的，通过它都可以完成以下操作：创建与发送电子邮件；接收、阅读与管理电子邮件；账号、邮箱与通讯簿管理。

9. C。【解析】栈是限制仅在表的一端进行插入和删除运算的线性表，通常称插入、删除的这一端为栈顶，另一端为栈底。则本题可能的出栈顺序为：1,2,3;1,3,2;2,1,3;3,2,1;2,3,1等几种。

10. C。【解析】树是一类重要的树形结构，其定义如下：树是 $n(n>0)$ 个结点的有穷集合，满足有且仅有一个称为根的结点；其余结点分为 $m(m>0)$ 个互不相交的非空集合。所以，在树上，根结点没有前驱结点。

11. B。【解析】若顺序表中结点个数为 n，且往每个位置插入的概率相等，则插入一个结点平均需要移动的结点个数为 $n/2$。

12. C。【解析】在双链表中，如果要在P所指结点后插入q所指的新结点，只需修改P所指结点的rlink字段和原后继的llink字段，并置q所指结点的llink和rlink值。即：

q↑.llink:=p;q↑.rlink:=p↑.rlink;p↑.rlink↑.rlink:=q;p↑.rlink:=q。

13. D。【解析】根据二叉树与森林的对应关系，将森林F转换成对应二叉树B的规则如下：若森林F为空，则二叉树B为空。若森林F非空，则F中的第一棵树的根为二叉树B的根；第一棵树的左子树所构成的森林按规则转换成一个二叉树成为B的左子树，森林F的其他树所构成的森林按本规则转换成一个二叉树成为B的右子树。依此规则可知：二叉树B结点的个数减去其右子树的结点的个数就是森林F的第1棵树的结点的个数。

14. C。【解析】用线性探查法处理碰撞就是当碰撞发生时形成一个探查序列，沿着这个序列逐个地址探查，直到找到一个开放的地址（即未被占用的单元），将发生碰撞的关键码放入了该地址中。即若发生碰撞的地址为d，则探查的地址序列为

d＋1,d＋2…,m−1,0,1,…,d−1,其中 m 是散列表存储区域的大小。

　　本题中,95 mod 11＝7,故关键码 95 存储于地址 7;14 mod 11＝3,故关键码 14 存储于地址 3;27 mod 11＝5,故关键码 27 存储于地址 13;68 mod 11＝2,故关键码 68 存储在地址 2;82 mod 11＝6,故关键码 82 存储于地址 6 中。

　　15.D。【解析】因为本题为下三角矩阵,计算地址采用压缩算法,不考虑右边的 0,本题为行优先,用首地址加上首元素行列的有效地址即得出该元素的地址。

　　16.A。【解析】下表给出了主要排序方法的性能比较。

方法	平均时间	最坏情况时间	辅助存储
起泡排序、简单选择排序、插入排序(除 Shell 排序)	$O(n^2)$	$O(n^2)$	$O(1)$
快速排序	$O(n\log_2 n)$	$O(n_2)$	$O(n\log_2 n)$
堆排序	$O(n\log_2 n)$	$O(n\log_2 n)$	$O(1)$
归并排序	$O(n\log_2 n)$	$O(n\log_2 n)$	$O(n)$

　　根据上表,对 n 个记录的文件进行起泡排序,所需要的辅助存储空间为 $O(1)$。

　　17.B。【解析】在一个程序中需要同时使用具有相同成分类型的两个栈时,为避免造成存储空间的浪费,应采用双进栈操作。为两个栈共同开辟一个连续的存储空间,一个栈的栈底为该空间的始端,另一个栈的栈底为该存储空间的末端。当元素进栈时都从此存储空间的两端向中间"延伸"。只有当两个栈的栈顶在该存储空间的某处相遇时,才会发生上溢。

　　18.C。【解析】采用动态重定位时,由于装入主存的作业仍保持原来的逻辑地址,所以,必要时可改变作业在主存中的存放区域。作业在主存中被移动位置后,只要把新区域的起始地址代替原来的在基址寄存器中的值,这样,在作业执行时,硬件的地址转换机制将按新区域的起始地址与逻辑地址相加,转换成新区域中的绝对地址,使作业仍可正确执行。

　　19.C。【解析】设信号量为 S,常用信号量的取值可以解释为,S 值的大小表示某类资源的数量。当 S＞0 时,表示还有资源可以分配;当 S＜0 时,其绝对值表示 S 信号量等待队列中进程的数目。每执行一次 P 操作,意味着要求分配一个资源;每执行一次 V 操作,意味着释放一个资源。依题意,信号量 mutex 的初始值为 1,表示有一个资源可以分配,当 mutex 的等待队列中有 K 个进程时,信号量的值为 1−K。

　　20.A。【解析】分区存储管理的基本思想是将内存分成若干连续的区域,有可变分区存储管理和固定分区存储管理两种方式;分区存储管理的主要缺点是不能充分利用内存,也不能对内存进行扩充。固定分区会浪费一些内存空间,可变分区会引起碎片的产生。

　　21.B。【解析】系统的抖动是由于太多的进程进入内存,缺页率急剧增加而引起的,此时进程大部分时间用于页面的换进和换出,而几乎不能够完成任何有效的工作。为防止抖动,必须限制进入内存的进程数目。

　　22.D。【解析】常用的文件存储设备有磁盘、磁带、光盘等。存储设备的特性决定了文件的存取。磁带是一种典型的顺序存取设备。磁盘是最典型的随机存取设备。硬盘、光盘、软盘都属于随机存取设备。

　　23.B。【解析】Oracle 企业管理器(OEM)是一个 Oracle 数据库管理工具,它由实例管理器、模式管理器、安全管理器、存储管理器、备份管理器、恢复管理器、数据管理器和 SQL 工作表单组成。

　　24.A。【解析】SPOOLing 技术是为了解决独占设备数量少、速度低,不能满足多个进程使用设备而提出的一种设备管理技术。为提供操作系统的可适应性和可扩展性,需实现设备的独立性,即用户程序独立于具体使用的物理设备,当请求一类设备时并不知道系统将分配哪一台具体设备。

　　25.D。【解析】模式实际上是数据库数据在逻辑层上的视图。一个数据库只有一个模式。外模式也称子模式或用户模式,它是数据库用户能够看见和使用的局部的逻辑结构和特征描述,是数据库用户的数据视图,是与某一应用有关的数据的逻辑表示。一个数据库可以有多个外模式。内模式也称物理模式或存储模式,它是数据物理结构和存储方式的描述,是数据库内部的表示方法。一个数据库只有一个内模式。

　　26.D。【解析】信息是现实世界事物的存在方式或运动状态的反映;信息具有感知、存储、加工、传递等自然属性;数据的语义解释。信息和数据是密不可分的。

　　27.B。【解析】操作系统中以缓冲方式实现设备的 I/O 操作主要是为了缓解处理机与设备之间速度不匹配的矛盾,并减少对 CPU 的 I/O 中断次数从而提高资源利用率和系统效率,解决 CPU 与外部设备之间速度的不匹配。

　　28.D。【解析】实体完整性规则是对关系中的主属性值的约束,即若属性 A 是关系 R 的主属性,则属性 A 不能取空值。

实体完整性规则规定关系的所有主属性都不能取空值,而不仅仅是主码整体不能取空值。由于关系 SC(SNO,CNO,GRADE)的主码是(SNO,CNO),所以 SNO 与 CNO 都不能取空值。

29. D。【解析】设计数据库概念最著名、最实用的方法是 P. P. S. Chen 于1976年提出的"实体—联系方法",简称 E-R 方法。它采用 E-R 模型将现实世界的信息结构统一用实体、属性及实体之间的联系来描述。

30. A。【解析】自然连接是一种特殊的等值连接,它要求两个关系中进行比较的分量必须是相同的属性组,并且要在结果中把重复的属性去掉。一般的连接操作是从行的角度进行运算,但自然连接还需要取消重复列,所以是同时从行和列的角度进行运算。

31. B。【解析】关系 R 与 S 的差由属于 R 而不属于 S 的所有元组组成。本题中关系 T 中元组只属于关系 R 而不属于 S,由此可判断选项 B 操作是正确的。

32. D。【解析】"部门号"是部门信息表 DEPT 中的主码,也是雇员信息表 EMP 的外码。根据参照完整性,它的值要么为空,要么是部门信息表 DEPT 中的某个元组的值。因为在部门信息表 DEPT 中设有部门号为"02"值,选项 D 不可能进行插入操作。

33. D。【解析】设关系 R 和 S 的元数分别为 r 和 s,定义 R 和 S 的笛卡儿积是一个(r+s)个元组的集合,若 R 有 K1 个元组,S 有 K2 个元组,则关系 R 和关系 S 的广义笛卡儿积有 K1×K2 个元组,记做 R×S={t|t=<tr,ts>∧tr∈R∧ts∈S}

34. A。【解析】如果要把十六进制整数转换为二进制整数,其规则是:除以2取余,直到商为0为止,将结果按照上右下左的排列方式列出,就是转换后的结果。

35. A。【解析】IMS 是最早和使用最广泛的几个数据库系统之一,并且在历史上曾是最大的数据库系统之一。IMS 的开发者是研究并发恢复、完整性和高效查询处理这些问题的先驱者。

36. D。【解析】依据题意,查询涉及课程名称为"数据库技术"的字段、"学生姓名"字段和"成绩"字段,课程字段 CNAME 隶属于关系 C,"成绩"字段 GRADE 隶属于关系 SC,而学生姓名字段 SNAME 隶属于关系 S,所以涉及的关系分别为 SC、C 和 S。

37. B。【解析】这是一个 LIKE 查询,LIKE 谓语的一般形式是:

列名 LIKE 字符串常数

这里,列名的数据类型必须是字符型。在字符串常数中字符的表示为:①字符_(下画线)表示可以和任意的单个字符匹配;②字符%(百分号)表示可以和任意长的字符串匹配。本题要求查找第二个字为"天"的学生学号和姓名,所以查询条件应该是'_天%',所以选项 B 是正确的。

38. A。【解析】当某个基本表不再需要时,可以使用 SQL 语句 DROP TABLE 进行删除,基本表一旦被删除,表中的数据和在此表上建立的索引都将自动被删除,而建立在此表上的视图虽仍保留,但已无法引用。因此,执行删除基本表操作一定要格外小心。

39. D。【解析】数据库管理的基本功能如下:①数据库定义功能;②数据库操纵功能;③数据库运行管理功能;④数据组织、存储和管理功能;⑤数据库的建立和维护功能;⑥其他软件管理通信功能等。

40. B。【解析】嵌入式 SQL 引入了游标的概念,用游标来协调两种不同的处理方式。游标是系统为用户开设的一个数据缓冲区,存放 SQL 语句的执行结果,每个游标区都有一个名字。

41. D。【解析】散列索引能有效地支持点查询,但不能支持范围查询。

42. D。【解析】PowerDesigner 是面向对象的数据库建模的工具。DirectConnect 是用于同非 SYBASE 数据源建立联系的访问服务器。

43. C。【解析】层次结构是按照处理对象的不同来划分的,最上层是应用层,但在 DBMS 核心之外,它处理的对象是各种各样的数据库应用;第二层是语言翻译处理层,它处理的对象是数据库语言;第三层是数据存取层,处理的对象是单个元组;第四层是数据存储层,处理的对象是数据页和系统缓冲区。

44. B。【解析】为了保证事务的正确执行,维护数据库的完整性,要求数据库系统维护以下事务特性:①原子性(atomicity),事务的所有操作在数据库中要么全部正确反映出来,要么全部不反映;②一致性(consistency),事务的隔离执行(即没有并发执行的其他事务)保持数据库的一致性;③隔离性(isolation),尽管多个事务可以并发执行,但系统必须保证,对任一对事务 T_i 和 T_j,在 T_i 看来,T_j 在 T_i 开始之前已经停止执行,或者在 T_i 完成之后开始执行,这样,每个事务都感觉不到系统中有其他事务在并发地执行;④持久性(durability),一个事务成功完成后,它对数据库的改变必须是永久的,即使系统可能出现故障。这些特性通常被称为 ACID 特性。

45. C。【解析】发生磁盘故障时，可以利用其他磁盘上的数据副本，或三级介质（如磁带）上的备份来进行恢复。显然这是需要数据库管理员（DBA）干预的。DBA装入最新的数据库后备副本和有关的日志文件副本，然后由系统进行恢复工作。选项A中，恢复管理部件不能恢复磁盘故障。选项B中，反向扫描日志是系统故障恢复时的步骤。

46. A。【解析】一个"不好"的关系数据库模式会存在有数据冗余、更新异常（不一致的危险）、插入异常和删除异常四个问题。为了解决这些问题，人们才提出了关系数据库的规范化理论。规范化理论研究的是关系模式中各属性之间的依赖关系及其对关系模式性能的影响，探讨"好"的关系模式应该具备的性质，以及达到"好"的关系模式的设计算法。

47. A。【解析】第二代数据库系统是指支持关系模型的关系数据库系统。

48. B。【解析】DDL是数据定义语言；DML是数据描述语言；DCL是数据控制语言。

49. B。【解析】函数依赖是事物之间相关性的一种表达，是属性固有语义的表现。设R(U)是属性集U上的关系模式，X，Y是U的子集。若对R(U)的任意一个可能的关系r，r中不可能存在两个元组在X上的属性值相等，而在Y上属性值不等，则称"X函数确定Y"或"Y函数依赖于X"，记作X→Y，X称为决定因素。根据合并律可知选项A正确；根据传递律可知选项C正确；根据增广律可知选项D正确。

50. D。【解析】一个全部是主属性的关系必然不会有非主属性部分或者传递依赖的问题，故至少是3NF。但此关系无法保证每一个非平凡的多值依赖或者函数依赖都包含码，所以R的最高范式至少是3NF。

51. B。【解析】Armstrong公理系统包括3条推理规则。设F是属性组U上的一组函数依赖，于是有以下推理规则：①自反律，若Y⊆X⊆U，则X→Y被F逻辑蕴含；②增广律，若X→Y被F逻辑蕴含，且Z包含于U，则XZ→YZ被F逻辑蕴含；③传递律，若X→Y（即Y→Z被F逻辑蕴含），则X→Z被F逻辑蕴含。

52. D。【解析】对于只有两个属性的关系模式，其规范化程度能够达到4NF，而且必有A→→B。

53. B。【解析】第一代数据库系统指层次模型数据库系统和网状模型数据库系统。第一代数据库系统在数据库技术的发展历程中处于重要的地位，它确定了数据库的基本概念和方法；第一代数据库系统的出现标志着数据管理由文件系统阶段进入了数据库系统阶段。基于商品化的第一代数据库系统产品，许多行业和部门建立了自己的数据库应用系统。然而，由于第一代数据库系统的数据模型复杂及嵌入式数据库语言具有不可避免的缺点等，第一代数据库系统最终被第二代数据库系统取代。

54. C。【解析】联机分析处理系统是以数据库或数据仓库为基础的，它是一个交互式的系统，允许分析人员观察多维数据的不同种类的汇兑数据。联机分析处理系统包括以下基本分析功能：上卷、下钻、切片、切块和转轴。

55. A。【解析】Delphi程序设计的基本步骤是：开始创建一个新的项目；设计窗体；将所需控件放入窗体中的适当位置；处理窗体，编写控件响应的事件；编译、运行程序。

56. C。【解析】数据仓库就是一个用以更好地支持企业或组织的决策分析处理的、面向主题的、集成的、相对稳定的、体现历史变化的数据集合。它有四个基本特征：数据仓库的数据是面向主题的；数据仓库的数据是集成的；数据仓库的数据是相对稳定的；数据仓库的数据是体现历史变化的。

57. A。【解析】当将局部E-R图集成为全局的E-R图时，可能存在三类冲突，它们是属性冲突、结构冲突和命名冲突。

58. B。【解析】PowerDesigner的DataArchitect用于概念层和物理层数据库设计和数据库构造。DataArchitect提供概念数据模型设计，自动的物理（逻辑）数据模型生成针对多种数据库管理系统的数据库生成，支持高质量的文档特性。

59. D。【解析】PowerDesigner AppModeler用于物理（逻辑）数据库的设计和应用对象的生成。PowerDesigner MetaWorks通过模型的共享支持高级团队工作的能力。PowerDesigner WarehouseArchitect用于数据仓库和数据集市的建模和实现。PowerDesigner Viewer提供了对PowerDesigner所有模型信息的只读访问，包括处理、概念、物理（逻辑）和仓库模型。

60. D。【解析】继承性是面向对象方法的一个重要特征，是指子类继承超类的各种特性，包括对数据的继承和对操作的继承。基本类型是封装的。

二、填空题

1. 字节【解析】在计算机系统中，通常用8位二进制数组成一个字节，来表示一个数字、一个字母或一个特殊符号。

2. ISP【解析】无论是通过局域网还是通过电话网接入Internet，首先要连接到ISP（互联网供应商）的主机。从用户角度看，ISP位于Internet的边缘，用户通过某种通信线路连接到ISP，再通过ISP的连接通道接入Internet。

3. LOC(a11)【解析】本题应填矩阵的首地址，按行优先顺序存储下三角矩阵的非零元素，其地址可用以下公式计算：
$$LOC(a_{ij}) = LOC(a11) + (i \times (i-1)/2 + (j-1))。$$

4. 3【解析】堆排序是完全二叉树的一个重要应用，可以解释为完全二叉树中的任一结点的关键码都小于或等于它的两个孩子的关键码。排序的基本思想是:对一组待排序的关键码,首先把它们按照堆的定义排成一个序列(建堆),取出最小关键码,余下的关键码再建堆,再取出最小关键码,如此反复,直到全部关键码排序完毕。本题的解答步骤为:第一次18,30,5,10,46,38,35,40;第二次18,10,5,30,46,38,35,40;第三次5,10,18,30,46,38,35,40。三次以后就可以了。

5.非零元素【解析】三元组方法存储稀疏矩阵能够将稀疏矩阵中所有非零元素列举出来,但它不反映稀疏矩阵中同行或同列元素的关系,从三元组的行数就可以知道非零元素的个数。

6.2k【解析】如果一棵二叉树最多只有最下面的两层结点,度数可以小于2,且最下面一层的结点都集中在该层最左边的若干位置,称此二叉树为完全二叉树。可知,若要二叉树结点最少,则说明最后一层上只有1个结点,其余层是满二叉树,所以,最少有2k。

7.限长寄存器【解析】在存储管理中,要实现地址映射,应具有基址寄存器和限长寄存器。

8.选择通道【解析】选择通道适用于连接磁盘、磁带等高速设备。这种通道以成组方式工作,每次传送一批数据,传送速率很高;但在一段时间内只能为一台设备服务。每当一个I/O操作请求完成后,再选择另一台设备为其服务。

9.进程控制块　　或　　PCB【解析】进程是具有一定独立功能的程序关于某个数据集合上的一次运行活动,进程是系统进行资源分配和调度的一个独立的单位。进程由程序块、进程控制块和数据块组成。

10.连接查询【解析】若查询同时涉及两个以上的表,称为连接查询。连接查询是关系数据库最主要的查询方式,包括等值连接、自然连接、非等值连接、自身连接、外连接和复合连接查询。

11.SELECT【解析】数据检索功能即指数据的查询,在SQL语言中,主要使用SELECT语句来实现数据的查询。

12.确定数据库的物理结构【解析】数据库的物理设计通常分为两步:确定数据库的物理结构,在关系数据库中主要指存取方法和存储结构;对物理结构进行评价,评价的重点是时间和空间效率。如果评价结果满足原设计要求,则可进入物理实施阶段,否则,就需要重新设计或修改物理结构,有时甚至要返回逻辑设计阶段修改数据模型。

13.完整性约束【解析】本题考查数据模型的基础知识。数据模型通常由数据结构、数据操作和完整性约束三部分组成。

14.前台【解析】在批处理系统兼分时系统的系统中,往往由分时系统控制的作业称为前台作业,而由批处理系统控制的作业称为后台作业。

15.逻辑结构或逻辑【解析】逻辑结构设计阶段的任务是把概念模型转换为与选用的DBMS所支持的数据模型相符合的基本数据结构,即从概念模型导出特定DBMS可处理的数据库逻辑结构。

16.锁机制【解析】SYBASE企业级数据库服务器支持3种类型的锁机制来保证系统的并发性和性能。这些锁机制包括数据页锁、数据行锁、所有页锁。

17.事务【解析】严格两阶段封锁协议除了要求封锁是两阶段之外,还要求事务持有的所有排他锁必须在事务提交后方可释放。这个要求保证未提交事务所写的任何数据在该事务提交之前均以排他方式加锁,防止了其他事务读这些数据。

18.OLAP服务器【解析】OLAP服务器为联机分析处理服务器。在数据仓库的三层体系结构中,低层为数据仓库服务器,中间层为OLAP服务器,顶层为前端工具。

19.已提交【解析】成功完成执行的事务称为已提交事务。已提交事务使数据库进入一个新的一致状态,即使出现系统故障,这个状态也必须保持。未能完成的事务称为中止事务,中止事务必须对数据库的状态不造成影响,即中止事务对数据库所做的任何改变必须撤销。一旦中止事务造成的变更被撤销,则称事务已回滚。

20.索引【解析】索引文件结构是指逻辑上连续的文件存放在若干个不连续的物理块中,系统为每个文件建立一张索引表,索引表记录了文件信息所在的逻辑块号和与之对应的物理块号。

 第2套　笔试考试试题答案与解析

一、选择题

1.B。【解析】程序设计语言根据其面向的不同对象分为低级语言和高级语言两种。面向机器的计算机语言称为低级语言,面向过程的计算机语言称为高级语言。机器语言是以二进制代码表示的指令集合,是计算机能直接识别和执行的语言。高级语言是一种与具体计算机硬件无关,表达方式接近于人类自然语言的程序设计语言。高级语言的优点是通用性强,可以在不同的机器上运行,程序可读性强,便于维护,极大地提高了程序设计的效率和可靠性。BASIC语言、Pascal语言和C语言都属于高级语言。

2.B。【解析】如果要把八进制整数转换为二进制整数,其规则是:除以2取余,直到商为0为止,将结果按照上右下左的排列方式列出,转换后的结果为100111。

　　3.D。【解析】计算机病毒一般具有如下特征:传染性、破坏性、隐蔽性、潜伏性和可激发性。

　　4.B。【解析】应用层协议主要有以下七种:①网络终端协议 TELNET,用于实现互联网中远程登录功能;②文件传输协议 FTP,用于实现互联网中交互式文件传输功能;③电子邮件协议 SMTP,用于实现互联网中电子邮件传送功能;④域名服务 DNS,用于实现网络设备名字到 IP 地址映射的网络服务;⑤路由信息协议 RIP,用于网络设备之间交换路由信息;⑥网络文件系统 NFS,用于网络中不同主机间的文件共享;⑦HTTP,用于 WWW 服务。

　　5.D。【解析】二叉树转换成树或森林的规则是:若某结点是其双亲的左子树,则把该结点的右子树,右子树的右子树,……,都与该结点的双亲用线连起来,最后去掉所有的双亲到右子树的连线。所以该二叉树对应的森林包括四棵树,各树如下图所示。

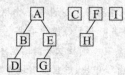

　　6.C。【解析】二叉树的存储通常采用链接方式,即每个结点除存储结点自身信息外再设置两个指针域 llink 和 rlink,分别指向结点的左子树和右子树。当结点的某个孩子为空时,则相应的指针值为空。所以该二叉树的存储表示如下图,共有10 个空指针。

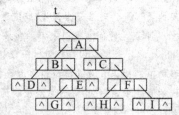

　　7.B。【解析】在有 n 个结点的二叉树的 llink—rlink 法存储表示中,必定有 n+1 个空指针,将这些指针位置利用起来,存储结点在指定周游次序下的前驱、后继结点指针,则得到线索二叉树。这种指向前驱、后继结点的指针称做线索。该二叉树的周游次序为对称序的结果是 DBGEACHFI,所以结点 H 的左线索指向结点 C。

　　8.B。【解析】用户如果想使用电子邮件功能,首先需要 E-mail 软件支持,还要有自己的 E-mail 账号和 E-mail 地址。

　　9.C。【解析】用线性探查法处理碰撞就是当碰撞发生时形成一个探查序列,沿着这个序列逐个地址探查,直到找到一个开放的地址(即未被占用的单元),并发生碰撞的关键码放入该地址中。即若发生碰撞的地址为 d,则探查的地址序列为 d+1,d+2…,m-1,0,1,…,d-1 其中 m 是散列表存储区域的大小。由本题可知:41%13=2,故关键码 41 存储于地址 2;14%13=1,故关键码 14 存储于地址 1;60%13=8,故关键码 60 存储于地址 8;90%13=12,故关键码 90 存储于地址 12;18%13=5,故关键码 18 存储于地址 5;如下表所示。

地址	0	1	2	3	4	5	6	7	8	9	10	11	12
Key		14	41			18			60				90

　　10.B。【解析】数据结构概念一般包括以下三个方面:数据间的逻辑关系、数据在计算机中的存储方式及在这些数据上定义的运算集合。

　　11.C。【解析】若以排序所用的比较时间来看,直接插入法和归并法都比较短,对于 n 个元素的序列,大约需要比较 n-1次;但归并法要占用较大的存储空间,所以用直接插入法比较好。

　　12.A。【解析】线性链表不能进行随机访问,但线性链表不必事先估计其所需存储空间大小,插入与删除时不必移动元素,所需空间与线性表长度成正比。

　　13.D。【解析】存储器是计算机记忆装置,它的主要功能是存放程序和数据。程序是计算机操作的依据,数据是计算机操作的对象。

　　14.A。【解析】A[8][5]元素存储的位置在第9行第6列,所以 A[8][5]之前存储的个数应为 8×10+5=85,这些元素占用的空间为 85×2=170 个字节,所以 A[8][5]的存储位置为 400+170=570。

　　15.C。【解析】操作系统根据作业说明书,生成一个称为作业控制块 JCB 的表格。系统为第一个作业建立一个 JCB,JCB 包含了对作业进行管理控制所必要的信息。JCB 在作业整个运行中始终存在,内容不断变化,只有当作业完成退出系统时,才消除该作业的 JCB。因此,JCB 是作业在系统中存在的标志。JCB 内容是作业调度的依据。

16. C。【解析】DECLARE 的作用是游标说明,OPEN 的作用是打开游标,CLOSE 的作用是关闭游标,而 FETCH 的作用是执行取出当前行的值并放到相应的程序变量中这一操作的游标。

17. C。【解析】操作系统是直接运行在裸机上的最基本的系统软件,任何其他软件都必须在操作系统的支持下才能运行。操作系统是一种资源管理程序,其主要功能是管理计算机软硬件资源,组织计算机的工作流程,方便用户的使用,并能为其他软件的开发与使用提供必要的支持。

18. C。【解析】堆实质上是一棵完全二叉树结点的层次序列,此完全二叉树的每个结点对应于一个关键码,根结点对应于关键码 K1。完全二叉树中任意一结点的关键码值都小于或等于它的两个孩子结点的关键码值。根据以上定义,选项 C 中,45 的孩子结点为 38 和 75,显然,45 大于 38,不符合堆的定义,所以选项 C 不是堆。

19. D。【解析】进程是操作系统中可以独立运行的单位,进程之间需要协调、交换信息,这就是进程间的通信。进程互斥是指在系统中,许多进程常常需要共享资源,这些共享资源具有排他性,因此每次只允许一个进程使用临界资源。进程控制是通过原语实现的。目前常用的高级通信机制有消息缓冲机制、管道通信和信箱通信。

20. B。【解析】文件的存取方式是由文件的性质和用户使用文件的情况确定的,一般文件的存取方式有两种:顺序存取和随机存取。

21. A。【解析】分页式存储管理采用动态重定位方式装入作业,因而需要有硬件地址转换机构支持。

22. A。【解析】虚拟存储器是指具有请求调入功能和置换功能,能从逻辑上对内存容量进行扩充的一种存储器系统。虚拟存储器逻辑内存的容量由内存和外存决定。因此其寻址系统由外存和内存组成。

23. D。【解析】可变分区管理的最优适应算法采用的数据结构是空闲分区链,要求将空闲分区按分区大小递增的顺序(分区尺寸从小到大)排成一个空闲分区表项。

24. A。【解析】SPOOLing 技术是为了解决独占设备数量少、速度低,不能满足多个进程使用设备而提出的一种设备管理技术。为提供操作系统的可适应性和可扩展性,需实现设备的独立性,即用户程序独立于具体使用的物理设备,当请求一类设备时并不知道系统将分配哪一台具体设备。

25. A。【解析】作业调度算法设计要考虑均衡使用资源、公平性、吞吐量等。但是没有必要考虑友好的用户界面。

26. C。【解析】在上述四种转换中,就绪→等待这种转换不存在,所以是不正确的。

27. D。【解析】数据独立性是指应用程序与数据之间相互独立、互不影响,数据独立性包括物理独立性和逻辑独立性。在数据库系统阶段,数据具有较高的物理独立性和逻辑独立性。

28. D。【解析】模型是指现实世界的模拟和抽象。数据模型是数据库系统的数学形式框架,是数据库系统的核心和基础。数据模型通常由数据结构、数据操作和数据约束条件三部分组成。

29. D。【解析】信息是现实世界事务的存在方式或运动状态的反映;信息具有感知、存储、加工、传递等自然属性;数据是信息的符号表示,信息是数据的内涵,是数据的语义解释;信息和数据是密不可分的。

30. A。【解析】在二维表中的列(字段),称为属性。属性的个数称为关系的元数,也称为关系的度。列的值称为属性值;属性值的取值范围称为值域。

31. B。【解析】外码定义为:设 F 是基本关系 R 的一个或一组属性,但不是关系 R 的主码,如果 F 与基本关系 SDE 主码对应,则称 F 是基本关系 R 的外码。这里学生关系的"系号"属性与系关系中的主码"系号"对应,因此系号是学生表的外码。

32. B。【解析】根据 Armstrong 公理系统的三条推理规则知:选项 A 为合并规则;选项 C 为伪传递规则,选项 D 为分解规则,选项 B 错误。

33. A。【解析】要在学生选课表 SC 中查询"学号和成绩",主句为 SELECT XH,CJ FROM SC。条件为"选修了 3 号课程",故条件子句为 WHERE CH=3'。SQL 查询的结果还可以排序,子句是 ORDER BY <列名>[ASC|DESC],其中 ASC 表示升序,DESC 表示降序。题目要求按照分数的降序排列,故子句为 ORDER BY CJ DESC。

34. A。【解析】在 SQL 语言的 SELECT 语句中,实现投影操作的是 SELECT。

35. B。【解析】通过定义一个属性为主键,该定义被存入数据字典,当对关系进行更新操作时,DBMS 会自动检查主属性是否为空,是否唯一。如果为空,或不唯一,则拒绝该更新操作,从而保证了实体的完整性。若不定义主键,系统就不知道需要检查实体完整性,因而不可能自动予以保证,通过定义外部键,可以保证参照完整性,但与实体完整性无关。用户自定义的完整性是从应用出发所定义的对某一具体数据的约束条件,并不能保证实体完整性。

36. D。【解析】根据参照完整性规则,若属性 F 是关系 R 的外码,它与关系 S 的主码 KS 对应(关系 R 和 S 不一定是不同的关系),则对于 R 中每个元组在 F 上的值必须为:取空值(F 的每个属性值均为空值)或者等于 S 中某个元组的主码值。C 井是关系 C 的主码,也是关系 SC 中的外码,根据参照完整性规则,外键的值不允许参照不存在的相应表的主键的值,或者外键为空值,所以不可能任意删除关系 C 中的元组。

37.C。【解析】SQL 用 CREATE INDEX 语句创建索引。其一般格式为:

CREATE [UNIQUE][CLUSTER]INDEX<索引名>ON<表名>(<列名>[<顺序>[,<列名>[顺序]]…]);

<顺序>指定索引的排列顺序,包括 ASC(升序)和 DESC(降序)两种,默认值为 ASC。UNIQUE 表示此索引的每一个索引值只对应唯一的数据记录。CLUSTER 表示要建立的是聚簇索引。

38.A。【解析】对属性列和视图的操作权限有查询(Select)、插入(Insert)、修改(Update)、删除(Delete)及这四种权限的总和(All Privileges)。

39.C。【解析】PowerBuilder 使用专门接口或 ODBC,可同时支持与多种数据库的连接。

40.D。【解析】SQL 语言的数据操纵功能包括 SELECT、INSERT、DELETE 和 UPDATE 四个语句,即查询和修改(包括插入、删除、更新)两部分功能。数据操纵语言能够实现对数据库基本表的操作。

41.A。【解析】Developer 2000 是 Oracle 的一个较新的应用开发工具集,包括 Oracle Forms、Oracle Reports、Oracle Graphics 和 Oracle Books 等多种工具,用以实现高生产率、大型事务处理及客户/服务器结构的应用系统。

42.D。【解析】CASE 工具 PowerDesigner 是面向对象和数据库建模的工具。DirectConnect 是用于同非 SYBASE 数据源建立联系的访问服务器。

43.A。【解析】两实体间的联系是 M:N 时,关系模型是多对多联系。在转换成关系模型时,需要把多对多联系分解成一对多联系,分解的方法就是增加一个关系表示联系,其中纳入 M 方和 N 方的关键字。

44.B。【解析】为了保证事务的正确执行,维护数据库的完整性,要求数据库系统维护以下事务特性。①原子性,事务的所有操作在数据库中要么全部正确反映出来,要么全部不反映;②一致性,事务的隔离执行(即没有并发执行的其他事务),保持数据库的一致性;③隔离性,尽管多个事务可以并发执行,但系统必须保证,对任一对事务 T1 和 T2,在 T1 看来,T2 在 T1 开始之前已经停止执行,或者在 T1 完成之后才执行,这样,每个事务都感觉不到系统中有其他事务在并发地执行;④持久性,一个事务成功完成后,它对数据库的改变必须是永久的,即使系统可能出现故障。

45.C。【解析】E-R 模型向关系模型转换时,一个 m:n 联系转换为一个关系模式。与该联系相连的各实体的码及联系本身的属性均转换关系的属性,而关系的码为各实体码的组合。

46.A。【解析】一个关系中不能出现相同的元组。

47.A。【解析】使用最为广泛的记录数据库中更新活动的结构是日志。日志是日志记录的序,它记录了数据库中的所有更新活动。

48.A。【解析】逻辑蕴含的定义是:设 R<U,F>是一个关系模式,X、Y 是 U 中的属性组,若在 R<U,F>的任何一个满足 F 中函数依赖的关系 r 上,都有函数依赖 X→Y 成立,则称 F 逻辑蕴含 X→Y。另外,Armstrong 公理系统包括三条推理规则:①自反律,若 $Y \subseteq X \subseteq U$,则 X→Y 被 F 逻辑蕴含;②增广律,若 X→Y 被 F 逻辑蕴含,且 $Z \subseteq U$,则 XZ→YZ 被 F 逻辑蕴含;③传递律,若 X→Y 及 Y→Z 被 F 逻辑蕴含,则 X→Z 被 F 逻辑蕴含。根据这个定义和以上几条推理规则,可以知道选 C 和 D 是错误的(这两个选项本质上是一样的)。选项 B 看上去像是传递律的表述,不过仔细看可以发现结论反了。

49.C。【解析】保证原子性是数据管理系统中事务管理部件的责任。保证一致性是对该事务编码的应用程序员的责任,完整性约束的自动检查有助于保持一致性。保证持久性是数据库系统中恢复管理部件的责任,因此选项 A 是错误的。对于选项 B,解决事务并发执行问题的一种方法是串行地执行事务,但这样性能较低。事务并发执行可以显著改善性能,因此使用并发控制部件来控制事务的并发执行,因此 B 也是错误的。对于选项 D,即使每个事物都能确保一致性和原子性,但如果几个事务并发执行,它们的操作可能会以人们所不希望的某种方式交叉执行,这也会导致不一致的状态,因此选项 D 也是错误的。

50.C。【解析】发生磁盘故障时,可以利用其他磁盘上的数据副本,或三级介质(如磁带)上的备份来进行恢复。显然这是需要数据库管理员(DBA)干预的。DBA 装入最新的数据库后备副本和有关的日志文件副本,然后由系统进行恢复工作。选项 A 中,恢复管理部件不能恢复磁盘故障。选项 B 中,反向扫描日志是系统故障恢复时的步骤。

51.D。【解析】候选码的定义是:设 K 为关系模式 R<U,F>中的属性或属性组。若 K→U 在 F+中,而找不到 K 的任何一个真子集 K',能使 K'→U 在 F+中,则称 K 为关系模式 R 的候选码。本题的关系比较复杂,可以将各选项依次代入,最后可知(C,E)为候选码。

52. C。【解析】PowerBuilder 的数据类型 integer 表示整型,是 15 位带符号数。

53. D。【解析】设计数据库概念最著名、最实用的方法是 P. P. S. Chen 于 1976 年提出的"实体—联系方法",简称 E-R 方法。它采用 E-R 模型将现实世界的信息结构统一用实体,属性及实体之间的联系来描述。

54. A。【解析】建立一个 Delphi 程序时,用户一般只需要在一个窗体对象上放置所需要的各种构件,然后对其特性赋值,并编写代码以控制事件。Delphi 程序设计的基本步骤如下:开始创建一个新的项目;设计窗体;将所需构件放入窗体中的适当位置;处理窗体,编写构件响应的事件;编译、运行程序。

55. C。【解析】联机分析处理系统是以数据库或数据仓库为基础的,它是一个交互式的系统,允许分析人员观察多维数据的不同种类的汇兑数据。联机分析处理系统包括的基本分析功能有上卷、下钻、切片、切块和转轴。

56. D。【解析】当前应用开发工具的发展趋势有:采用三层 Client/Server 结构;对 Web 应用的支持;开放的、构件式的分布式计算环境。

57. D。【解析】OLAP 是以数据库或数据仓库为基础的,其最终数据来源与 OLTP 一样,均是来自底层的数据库系统。

58. D。【解析】继承性是面向对象方法的一个重要特征,是指子类继承超类的各种特性,包括对数据的继承和对操作的继承,基本类型是封装的,且内部是外部所不能看见的。

59. C。【解析】系统故障是指由硬件故障、数据库软件或执行任务系统的漏洞,而导致系统停止运行。主存储器内容丢失,而外存储器仍完好无损。

60. B。【解析】数据库设计工作量大而且过程复杂,既是一项数据库工程也是一项庞大的软件工程。考虑数据库及其应用系统开发全过程,将数据库设计分为以下六个阶段:需求分析、概念结构设计、逻辑结构设计、物理结构设计、数据库实施和数据库的运行和维护。

二、填空题

1. 总线型【解析】局域网常用的拓扑结构有星形、环形、总线型和树形等。

2. 路由器【解析】一般来说,用户计算机接入 Internet 的方式主要有两种:通过局域网接入 Internet 方式和通过电话网接入 Internet 方式。所谓"通过局域网接入 Internet",是指用户的局域网使用路由器,通过数据通信网与 ISP 相连接,再通过 ISP 的连接通道接入 Internet。

3. 服务攻击【解析】在 Internet 中,对网络攻击主要可以分为两种基本的类型,即服务攻击和非服务攻击。服务攻击是指对网络提供某种服务的服务器发起攻击。

4. 哈夫曼树(或最优二叉树)【解析】扩充二叉树概念:当二叉树里出现空的子树时,就增加新的特殊的结点——外部结点。对于原来的二叉树中度为 1 的分支结点,在它下面增加一个外部结点;对于原来二叉树的树叶,在它下面增加两个外部结点。

哈夫曼树构成:利用哈夫曼算法构造的具有最小带权外部路径长度的扩充二叉树,即所构造的二叉树对于给定的权值,带权路径长度最小。

由哈夫曼树的构成得知,题意所给条件完全符合哈夫曼树。

5. 关键码值【解析】散列法的基本思想是:由结点的关键码值决定结点的存储地址,即以关键码值 k 为自变量,通过一定的函数关系 h(称为散列函数),计算出对应函数值 h(k)来,把这个值解释为结点的存储地址,将结点存入该地址中去。检索时再根据要检索的关键码值用同样的散列函数计算地址,然后到相应的地址中去取要找的结点。

6. 非零元素【解析】三元组方法存储稀疏矩阵是将稀疏矩阵中所有非零元素列举出来,但它不反映稀疏矩阵中同行或同列元素的关系,从三元组的行数就可以知道非零元素的个数。

7. 9【解析】二分法查找的优点是比较次数少,查找速度快,对有 n 个数据元素的线性表进行二分法查找,若查找成功,给定值最多与 $\log_2 n + 1$ 个关键字进行比较。

8. 空(或 空值或 NULL)【解析】根据参照完整性规则,若属性 F 是关系 R 的外码,它与关系 S 的主码 KS 相对应(关系 R 和 S 不一定是不同的关系),则对于 R 中每个元组在 F 上的值必须为:取空值(F 的每个属性值均为空值)或者等于 S 中某个元组的主码值。

9. 互斥使用资源【解析】形成死锁要有四个必要条件:互斥使用资源、占用并等待资源、不可抢夺资源和循环等待资源。

10. 成组多路通道【解析】通道具有多种类型:字节多路通道适用于低速或中速的 I/O 设备;选择通道适用于连接磁盘、磁带等高速设备,在一段时间内只能为一台设备服务;数组多路通道综合了其他两种通道传输速率高的特点,实质是对通道程序采用了多道程序设计技术,适用于通道连接的设备并可以并行工作。故只有数组多路通道支持通道程序并发执行。

< 89 >

11. Designer/2000【解析】Designer/2000 是 Oracle 提供的 CASE 工具,能够帮助用户对复杂系统进行建模、分析和设计。用户在数据库概要设计完成之后,即可以利用 Designer/2000 来帮助绘制 E-R 图、功能分层图、数据流图和方阵图,自动生成数据字典、数据库表、应用代码和文档。

12. 数据库系统【解析】数据管理技术的发展,与硬件、软件和计算机应用的范围有密切关系。数据管理技术的发展经过了三个阶段:人工管理阶段、文件系统阶段和数据库阶段。

13. 数据仓库【解析】同大多数基于 SQL 的应用程序结合时,DB2 OLAP Server 和 DB2 Warehouse Manager 完全自动地把 OLAP 集成到数据仓库。

14. BCNF⊆3NF⊆2NF⊆1NF【解析】一级范式的关系模式的"问题"都是通过模式分解来解决的,通过分解若干高一级的关系模式,逐步实现规范化。高一级的范式一定属于低一级的范式,各范式之间的关系是一种全包含关系。

15. 持久性【解析】为了保证事务的正确执行,维护数据库的完整性,要求数据库系统维护以下事务特性:①原子性,(atomicity)事务的所有操作在数据库中要么全部正确反映出来,要么全部不反映;②一致性(consistency),事务的隔离执行(即没有并发执行的其他事务)保持数据库的一致性;③隔离性(isolation),尽管多个事务可以并发执行,但系统必须保证,对任一对事务 T_i 和 T_j,在 T_i 看来,T_j 或者在 T_i 开始之前已经停止执行,或者在 T_i 完成之后开始执行,这样,每个事务都感觉不到系统中有其他事务在并发地执行;④持久性(durability),一个事务成功完成后,它对数据库的改变必须是永久的,即使系统可能出现故障。这些特性通常被称为 ACID 特性,这一缩写来自四条性质的第一个英文字母。

16. 3【解析】如果两个实体之间具有 M:N 关系,则将它们转换为关系模型时,需要把 M:N 的多对多联系分解成一对多联系,在分解时就需要引入第 3 个表。

17. 日志【解析】使用最为广泛的记录数据库中更新活动的结构是日志。日志是日志记录的序列,它记录了数据库中的所有更新活动。

18. A【解析】候选码的定义是:设 K 为关系模式 R<U,F>中的属性或属性组。若 K→U 在 F+中,而找不到 K 的任何一个真子集 K′,能使 K→U 在 F+中,则称 K 为关系模式 R 的候选码。显然在这道题中 A 是候选码。

19. 多维数据【解析】数据仓库和数据仓库技术是基于多维数据模型的。这个模型把数据看做是数据立方体形式。多维数据模型围绕中心主题组织。

20. 操作 或 行为(或 方法 或 动作)【解析】在面向对象模型中,一个对象是由一组属性及其操作的一组方法构成的。对象本身就是一种封装。

第3套　笔试考试试题答案与解析

一、选择题

1. A。【解析】在科学实验和工程设计中,经常会遇到各种数学问题需要求解,利用计算机并应用数值方法进行求解是解决这类问题的主要途径,这种应用称为科学和工程计算,它是计算机的重要应用领域之一。如导弹飞行轨道计算、数学、力学、化学以及石油勘探、桥梁设计等。

2. D。【解析】超文本是 WWW 的信息组织形式,也是 WWW 实现的关键技术之一,它本身并不是一个物理网络。

3. C。【解析】对密码系统的攻击有两类:一类是主动攻击,攻击者通过采用删除、增添、重放、伪造等手段主动向系统注入假信息;另一类是被动攻击,攻击者只是对截获的密文进行分析和识别。

4. B。【解析】操作系统是直接运行在裸机上的最基本的系统软件,其他软件都必须在操作系统的支持下才能运行。操作系统是一种资源管理程序,其主要功能是管理计算机软硬件资源,组织计算机的工作流程,方便用户的使用,并能为其他软件的开发与使用提供必要的支持。

5. B。【解析】系统软件是随计算机出厂并具有通用功能的软件,由计算机厂家或第三方厂家提供,一般包括操作系统、语言处理程序和数据库管理系统以及服务程序。而调试程序以及故障诊断、纠错程序等属于服务性程序,所以调试程序属于系统软件。

6. C。【解析】WWW 浏览器是用来浏览 Internet 上主页的客户端软件,利用它可以访问 Internet 上的各种信息。更重要的是,目前的浏览器基本上都支持多媒体特性,可以通过浏览器来播放声音、动画和视频。

7. B。【解析】要保证 Internet 能够正常工作就要求所有联入 Internet 的计算机都遵从相同的通信协议,即 TCP/IP 协议。

8.B。【解析】下表给出了主要排序方法的性能比较：

方法	平均时间	最坏情况时间	辅助存储
起泡排序、简单选择 排序、插入排序(除 Shell 排序)	$O(n^2)$	$O(n^2)$	$O(1)$
快速排序	$O(n\log_2 n)$	$O(n^2)$	$O(n\log_2 n)$
堆排序	$O(n\log_2 n)$	$O(n\log_2 n)$	$O(1)$
归并排序	$O(n\log_2 n)$	$O(n\log_2 n)$	$O(n)$

根据上表，对 n 个记录的文件进行归并排序，所需要的辅助存储空间为 $O(n)$。

9．A。【解析】计算机网络建立的主要目的是实现计算资源的共享。

10．D。【解析】根据快速排序的算法，新序列(F,H,C,C,P,A,M,Q,r,S,Y,X)为字符列(Q,H,C,Y,P,A,M,S,R,D,F,X)通过快速排序的算法第一趟扫描后的结果。

11．D。【解析】链表的一个重要特点是插入、删除运算灵活方便，不需要移动结点，只需要改变结点中指针域的值即可。在链表中进行删除运算的关键步骤为 $t:=s\uparrow.link;s\uparrow.link=t\uparrow.link$。做删除运算时改变的是被删除结点的前一个结点中指针域的值。

12．B。【解析】将 23,14,9,6,30,12,18 依次按散列函数 $K(k)=k\ mod\ 7$ 计算，并按线性探测法解决冲突，得到的散列结果是 14,18,23,9,30,12,6。

0	1	2	3	4	5	6
14	18	23	9	30	12	6

13．A。【解析】度为零的结点即为二叉树的叶子，所以根据二叉树的基本性质 3(设二叉树叶子数为 n_0，度为 2 的结点数为 $n_0=n_2+1$)，可知 $n_0=n_2+1$。

14．C。【解析】栈是一种特殊的线性表，只能在固定的一端进行插入和删除操作。栈的运算遵循后进先出的操作原则。本题中，入栈序列与输出序列的倒置是对应的，即输出序列的 p_1 对应入栈序列的 n,输出序列的 p_2 对应入栈序列的 $n-1$,由此可推出，p_i 对应入栈序列的 $n-i+1$。

15．C。【解析】队列具有先进先出的特性，可以用顺序存储方式存储，也可以用链接方式存储，队列是树的层次次序周游算法的实现。

16．A。【解析】先来先服务算法是按照访问请求的次序为各个进程服务，这是最公平而又最简单的算法，但是效率不高。因为磁头引臂的移动速度慢，如果按照访问请求发出的次序依次读写各个磁盘块，则磁头可能频繁大幅度移动，容易产生机械振动，亦造成较大的时间开销，影响效率。

17．D。【解析】文件的物理结构是指文件的内部组织形式，亦即文件在物理存储设备上的存放方法，由于文件的物理结构决定了文件信息在存储设备上的存储位置，因此，文件信息的逻辑块号到物理块号的转换也是由文件的物理结构决定的。常用的文件物理结构有以下几种：顺序结构、链接结构、索引结构、Hash 结构和索引顺序结构。

18．B。【解析】"不可抢占式最高优先级"调度算法，就是只有在优先级高的进程完成后，下面的进程才能按照优先级的先后顺序进行处理，在优先级高的进程执行过程中，其他进程不得抢占 CPU 执行，故选项 B 为正确答案。

19．C。【解析】中央处理器有两种工作状态：管态和目态。当中央处理器处于管态时可执行包括特权指令在内的一切机器指令，当中央处理器处于目态时不允许执行特权指令。所以，操作系统占用中央处理器时，应让中央处理器在管态下工作，而用户程序占用中央处理器时，应让中央处理器在目态下工作。

20．C。【解析】中断是有优先级的。系统将优先响应高级别的中断；中断只是程序运行的暂时停止，当系统处理完事件后，程序将继续执行；系统是否响应某中断是根据此中断的优先级别来确定的。

21．D。【解析】在多级目录结构中，在同一级目录中不能有相同的文件名，但在不同级的目录中可以有相同的文件名。

22．C。【解析】当执行某指令而又发现需要访问的指令和数据不在内存中，此时发生缺页中断，系统将外存中相应的页面调入内存。

23．D。【解析】信号量只能通过 P V 原语操作来访问它。V 操作意味着进程释放一个资源。当 V 原语对信号量运算后，若 $S\leqslant=0$,表示该信号量的等待队列中有等待该资源的进程被阻塞，故应调用原语将等待队列中的一个进程唤醒。当 S

<0时,其绝对值表示S信号量等待队列进程的数目。

24. C。【解析】"最短寻道时间优先"算法总是让查找时间最短的那个请求先执行,而不管请求访问者到来的先后时间。即靠近当前移动臂位置的请求访问者将优先执行。当前磁头在53道上,则总的移动道数是:12+2+30+23+84+24+2+59=236。

25. A。【解析】为保证事务的正确执行,维护数据库的完整性,要求数据库系统维护的事务特性具有:原子性(Atomicity)、一致性(Consietency)、隔离性(Isola-tion)、持久性(Durability)。

26. A。【解析】对于不同的系统和系统目标常采用不同的调度算法,常用的调度算法有:先来先服务算法,可以用在进程调度和作业调度中,其基本思想是按进程或作业到达的前后顺序进行调度;优先级调度算法是为照顾对紧急进程或重要进程,对他们优先进行调度;轮转法调度是分时系统使用的算法,它将CPU处理时间分成一个个时间片,就绪队列中的诸进程轮流运行一个时间片,当时间片结束时,就强迫运行进程让出CPU,该进程进入就绪队列,同时,进程调度选择就绪队列中的另一个进程,分配给它一个时间片,如此就绪队列中的各个进程都能及时得到系统的响应。

27. D。【解析】模式实际上是数据库数据在逻辑层上的视图。一个数据库只有一个模式。外模式也称子模式或用户模式,它是数据库用户能够看见和使用的局部的逻辑结构和特征描述,是数据库用户的数据视图,是与某一应用有关的数据的逻辑表示。一个数据库可以有多个外模式。内模式也称物理模式或存储模式,它是数据物理结构和存储方式的描述,是数据库内部的表示方法。一个数据库只有一个内模式。

28. A。【解析】死锁的预防可以采取以下三种措施:资源的静态分配策略;允许进程剥夺使用其他进程占有的资源;采用资源有序分配法。

29. C。【解析】数据库设计中的规范处理(如使所有关系都达到某一范式)是在逻辑设计阶段完成的。

30. B。【解析】存储管理主要指管理系统的内存;存储管理通过多道程序动态共享主存,大大提高主存的利用率;存储管理通过虚拟存储等技术可解决。

31. C。【解析】当候选码多于一个时,选定其中一个做主码。包含在任何一个候选码中的属性叫做主属性。不包含在任何候选码中的属性叫做非主属性。最简单的情况,单个属性是码;最极端的情况,整个属性组是码,称做全码。

32. A。【解析】根据关系代数操作得到一个新的关系,其属性包含了关系R和S中的所有属性,在新关系中,每个元组属性C的值都小于属性E的值,这是因为在关系R和S的笛卡儿积中选择了属性C的值小于属性E的值的那部分元组,是通过关系R和S连接操作的结果,其条件为C<E。所以正确的是选项A。

33. C。【解析】数据独立性是指应用程序与数据之间相互独立、互不影响。数据独立性包括物理独立性和逻辑独立性。物理独立性是指数据的物理结构发生改变时,数据的逻辑结构不必改变,从而应用程序不必改变;逻辑独立性是指当数据全局逻辑结构改变时,应用程序不必改变。

34. B。【解析】关系R与S的差由属于R而不属于S的所有元组组成。本题中R-S表示的是选修了计算机基础而没有选修数据库的元组。

35. D。【解析】SQL中字符串常数应当加单引号,本题中WHERE子句应为WHERE 性别='男'。而在主句中,FROM后跟的基本表的名称无需加单引号。

36. D。【解析】在层次模型和网状模型的实际存储中,通过链接指针实现结点间的联系。

37. B。【解析】与游标有关的SQL语句有下列四个:①游标定义语句,游标是与某一查询结果相联系的符号名,游标用SQL的DECLARE语句定义,它是说明语句,此时游标定义中的SELECT语句并不执行;②游标打开语句,此时执行游标定义中的SELECT语句,同时游标处于活动状态;③游标推进语句,此时执行游标向前推进一行,并把游标指向的行中的值取出,放到语句中说明对应的程序变量中,FETCH语句常置于主语言程序的循环中,借助主语言的处理语句逐一处理查询结果中的一个个行;④游标关系语句,关闭游标,使它不再和原来的查询结果相联系。

38. A。【解析】数据操纵的程序模块主要有:①查询处理程序模块;②数据修改程序模块;③交互式查询程序模块;④嵌入式查询程序模块。

39. B。【解析】创建索引是加快表的查询速度的有效手段。可以根据需要在基本表上建立一个或多个索引,从而提高系统的查询效率。SQL语言支持用户根据应用的需要,在基本表上建立一个或多个索引,以提供多种存取路径,加快查询速度。

40. D。【解析】Oracle数据库的表空间、段和盘区是用于描述物理存储结构的术语,控制着数据库的物理空间的使用。表空间是逻辑存储单元,具有以下特性:①每个数据库分成一个或多个表空间,有系统表空间和用户表空间之分;②每个表空间创建一个或多个数据文件,一个数据文件只能和一个数据库相关联;③数据库表空间的总储容量是数据库的总存储容量,每个 Oracle 数据库包含一个名为 SYSTEM 的表空间(容纳数据字典的对象),它是在创建数据库时由 Oracle 自动生成的,至少需要一个用户表空间来减少系统内部字典对象和模式对象之间的空间争用。

41. B。【解析】建立数据的目的是使用数据库,即要对数据库进行查询、更新、连接等操作,关系操作就是对关系进行这些操作。关系操作规程是基于关系模型的。关系模型给定了关系操作的方式、能力和特点。关系操作可以用关系代数和关系运算来表达。关系数据库管理系统应能实现的专门运算包括选择、投影和连接。

42. C。【解析】数据库操纵的程序模块主要包括:①查询处理程序模块;②数据修改程序模块;③交互式查询程序模块;④嵌入式查询模块。

43. D。【解析】自然连接是关系的横向结合,是将两个关系拼接成一个更宽的新关系,要求两个关系含有一个或多个共有的属性,生成的新关系中包含满足连接条件的元组。

44. A。【解析】为了保证事务的正确执行,维护数据库的完整性,要求数据库维护具有以下事务特性:原子性、一致性、隔离性和持久性。其中保证原子性是数据管理系统中事务管理部件的责任。保证一致性是对事务编码的应用程序员的责任。保证持久性是数据库系统中恢复管理部件的责任。

45. C。【解析】数据库中的数据是宝贵的共享资源,用户可以并发使用数据,这样,必须有一定的控制手段来保障资源免于破坏。数据库管理系统对事务的并发执行进行控制,以保证数据库的一致性,最常用的方法是封锁,即当一个事务访问某个数据项时,以一定的方式锁住该数据项,从而限制其事务对该数据项的访问。

46. A。【解析】事务的原子性是指事务的所有操纵在数据库中要么全部正确反映出来,要么全部不反映。选项 B 指的是持久性。选项 C 指的是隔离性。选项 D 指的是一致性。

47. B。【解析】共享锁和排他锁的相容矩阵如右图所示。

	S	X
S	True	False
X	False	False

可以看出,只有共享锁与共享锁相容。两者中有一个排他锁就不相容。因此本题选项 B 是错误的。

48. C。【解析】一个"不好"的关系数据库模式会存在数据冗余、更新异常(不一致的危险)、插入异常和删除异常四个问题。为了解决这些问题,人们才提出了关系数据库的规范化理论。规范化理论研究的是关系模式中各属性之间的依赖关系及其对关系模式性能的影响,探讨"好"的关系模式应该具备的性质,以及达到"好"的关系模式的设计算法。

49. D。【解析】由于 R 只包含两个属性,故对 R 的每一个非平凡多值依赖 X→→Y(Y 不属于 X),都有 X 包含码,因而 R 属于 4NF。

50. A。【解析】Oracle 的核心是关系型数据库,其面向对象的功能是通过对关系功能的扩充而实现的。为此,Oracle 引入了抽象数据类型、对象视图、可变数组、嵌套表和大对象等及它们的复合使用,为实现对象——关系型数据库应用提供了坚实的基础。

51. C。【解析】若 X→→Y,且 Y'∈Y,但不能断言 X→→Y'也成立。因为多值依赖的定义中涉及了 U 中除 X、Y 之外的其余属性 Z,考虑 X→→Y'是否成立时涉及的其余属性 Z'=U−X−Y'比确定 X→→Y 成立时的其余属性 Z=U−X−Y 包含的属性列多,因此 X→→Y'不一定成立。若 X→Y,则 X→→Y,即函数依赖可以看做多值依赖的特殊情况,但反之则不成立。

52. D。【解析】PowerBuilder 是由美国著名的数据库应用开发工具厂商 PowerSoft 公司于 1961 年 6 月推出的完全按照客户机/服务器体系结构设计的快速应用开发系统,是用于系统可行性研究阶段的开发工具。

53. A。【解析】模式分解的几个事实如下:①分解具有无损连接性和分解保持函数依赖是两个相互独立的标准,具有无损连接性的分解不一定保持函数依赖,保持函数依赖的分解不一定具有无损连接性,因此,关系模式的一个分解可能只具有无损连接性,可能是保持函数依赖的,也可能是既具有无损连接性又保持函数依赖的;②若要求分解具有无损连接性,那么模式分解一定可以达到 BCNF;③若要求分解既保持函数依赖,那么模式分解可以达到 3NF,但不一定能达到 BCNF;④若要求分解既具有无损连接,又保持函数依赖,则模式分解可以达到 3NF,但不一定能达到 BCNF。

54. D。【解析】假设这个二目关系是 R(A,B)。不失一般性,其函数依赖集可能有空集、F={A→B}、F={A→B,B→A}这 3 种情况。对于空集情况,此关系满足 BCNF。对于第二种情况,码是 A,没有传递和部分函数依赖也没有违反 BCNF 的条件,因此也是 BCNF。对于第三种情况,码是 A 或者 B,没有传递和部分函数依赖,也满足每个函数依赖关系的决定因素都包含码的条件,因此是 BCNF。综合以上三种情况,任何一个二目关系在函数依赖的范畴内至少能达到 BCNF。

55. A。【解析】该模块通过模型的共享,支持高级的团队工作的能力。这个模块提供了所有模型对象的一个全局的层次结构浏览视图,以确保整个开发周期的一致性和稳定性。

56. D。【解析】选项 D 的描述是目前存在的最大的问题。

57. B。【解析】Data Architect 是可以对 PowerDesigner 中所有模型信息进行访问的只读模块。

58. D。【解析】分布式数据库系统中的结点是松耦合的,这些结点不共享任何的物理部件。每一个结点都是一个独立的数据库系统,这些结点协调工作,使得任何一个结点上的用户都可以对网络上的任何数据进行访问;分布式数据系统的各个成分物理地存储在一些不同的结点上的不同的"真实的"数据库上,它实际上是这些数据库的逻辑联合。

59. C。【解析】设计概念结构的策略有以下几种:①自顶向下,首先定义全局概念结构的框架,再逐步细化;②自底向上,首先定义每一局部应用的概念结构,再按一定的规则把它们集成得到全局概念结构;③由里向外,首先定义最重要的那些核心结构,再逐渐向外扩充;④混合策略,把自顶向下和自底向上结合起来的方法自顶向下设计一个概念结构的框架,然后以它为骨架再自底向上设计局部概念结构,并把它们集成。

60. D。【解析】一个对象由一组属性和对这组属性进行操作的一组方法构成;消息用来请求对象执行某一操作或回答某些信息的要求;方法用来描述对象静态特征的一个操作序列;属性用来描述对象的静态特征的数据项。

二、填空题

1. 语法。【解析】为网络数据交换而制订的规则、约定与标准称为网络协议,一个网络协议主要由三个要素组成,即语法、语义与时序。①语法规定了用户数据与控制信息的结构与格式;②语义规定了用户控制信息的意义以及完成控制的动作与响应;③时序是对事件实现顺序的详细说明。

2. 2。【解析】对数组元素 a[i][j] 而言,它的两个直接前趋是 a[i−1][j] 和 a[i][j−1]。

3. 语义。【解析】为网络数据交换而制定的规则、约定与标准称为网络协议,一个网络协议主要由以下三个要素组成,即语法、语义与时序。①语法规定了用户数据与控制信息的结构与格式;②语义规定了用户控制信息的意义以及完成控制的动作与响应;③时序是对事件实现顺序的详细说明。

4. n_2+n_3。【解析】由森林到二叉树的转换可知,森林 F 中第一棵树的根转换得到的二叉树的根,T_1 的其他结点均在 B 的根结点的左子树中,而 T_2、T_3 的结点均在右子树中。所以右子树个数是 n_2+n_3。

5. 2i+j−3。【解析】在三对角矩阵中,按行压缩存储,其转换公式为 k=2i+j−3。

6. 2。【解析】B 树是一种平衡的多路查找树。一棵 m 阶 B 树或者为空,或者满足以下条件:每个结点至少有 m 棵子树;根结点或为叶结点,或至少有两棵子树;中间结点至少有 [m/2] 棵子树;叶结点均出现在同一层次,且不含信息。

7. 指针。【解析】链表是一种非线性结构,对数据元素进行插入和删除操作时,只要修改指针域即可,不需要移动元素。

8. 11。【解析】12 个并发进程,1 个在执行队列,11 个在就绪队列,等待时间片轮转顺序的到来。

9. 连接。【解析】关系代数中,连接也称连接,是指从两个关系的笛卡儿积中选取它们属性满足一定条件的元组的操作。

10. 多值依赖。【解析】关系模式规范化需要考虑数据间的依赖关系,人们已经提出了多种类型的数据依赖,其中最重要的是函数依赖和多值依赖。

11. 9。【解析】两个分别为 n 和 m 目的关系 R 和 S 的笛卡儿积是一个 n+m 列的元组的集合。若 R 有 k_1 个元组,S 有 k_2 个元组,则关系 R 和 S 的广义笛卡儿积有 $k_1×k_2$ 个元组。

12. CPU。【解析】并行数据库系统通过并行地使用多个 CPU 和磁盘来提高处理速度和 I/O 速度。

13. Oracle OLAP 产品。【解析】Oracle 数据仓库解决方案是 Oracle OLAP 产品,主要包括服务器端的 Oracle Express Server 选件与客户端 Oracle Express Objects 和 Oracle Express Analyzer 工具。

14. NOT NULL。【解析】SQL 支持空值的概念,空值是不知道的值(未知值),任何列均可以有空值,除非在 CREATE TABLE 语句列的定义中指定了 NOT NULL。

15. 虚拟。【解析】视图是虚拟的表,其内容是根据查询定义的。和实际的表一样,视图由一系列字段和记录组成,但不同的是,视图的数据不是数据库中实际存储的数据集合。视图的记录和字段是根据视图定义,查询所引用的表导出的,因此,视图在引用时动态产生数据。视图是表的过滤器,视图提供了查看表中数据的另外一种方法。表是用来存储具体的物理介质上数据的结构,而视图数据在物理上并不存在。视图是存储在系统目录中的信息,是从一个或多个表中派生出来的,这些信息是和物理存储的表有关的唯一信息,因此,视图又称虚拟表。

16. B1。【解析】根据计算机系统对各项指标的技术情况,TCSEC 将系统划分为四组七个安全级别,按系统可靠性或可信程度逐渐增高依次为：$D,C_1,C_2,B_1,B_2,B_3,A_1$。$B_1$ 级别的产品才被认为是真正意义上的安全产品,达到此级别的产品其名称中多冠以"安全"或"可信"字样,作为区别于普通产品的安全产品出售。

17.隔离性。【解析】尽管多个事务可以并发执行,但系统必须保证,对任一对事务 T_1 和 T_2,在 T_1 看来,T_2 或者在 T_1 开始之前已经停止执行,或者在 T_1 完成之后执行。这样,每个事务都感觉不到系统中有其他事务在并发地执行,并称之为事务的隔离性。

18.无损连接性。【解析】设关系模式 R<U,F>分解为关系模式 $R_1<U_1,F_1>$,$R_2<U_2,F_2>$,…,$R_n<U_n,F_n>$时,若对于关系模式 R 的任何一个可能取值 r,都有 $r=r_1 * r_2 * \cdots * r_n$,即 r 在 $R_1,R_2,\cdots,R_n$ 上的投影的自然连接等于 r,则称关系模式 R 的这个分解具有无损连接性。

19.数据仓库管理工具。【解析】数据仓库系统(DWS)由数据源、数据仓库管理工具和决策支持工具三部分组成。

20.原子性。【解析】事务应该具有四个属性。原子性,一个事务是一个不可分割的工作单位,事务包括的操作要么都做,要么都不做;一致性,事务必须是使数据库从一个一致性状态改变到另一个一致性状态;隔离性,一个事务的执行不能被其他事务干扰;持续性,也称永久性,指一个事务一旦提交,它对数据库中数据的改变就应该是永久的。

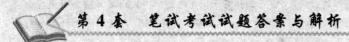

第4套 笔试考试试题答案与解析

一、选择题

1.A。【解析】指令系统包括三类:数据传送类指令、算术逻辑类指令和判定控制类指令,因此答案为 A。

2.C。【解析】容量的单位从小到大依次是:字节(B)、KB、MB、GB 和 TB。它们之间的关系是:1TB＝1024GB,1GB＝1024MB,1MB＝1024KB,1KB＝1024B。

3.B。【解析】广域网包括 X.25、帧中继、SMDS、B－ISDN 和 ATM。FDDI 属于局域网。

4.A。【解析】网际层协议有:IP、ICMP、ARP 和 RARP;传输层协议有:TCP、UDP;应用层协议有:FTP、Telnet、SMTP、HTTP、RIP、NFS 和 DNS。因此答案为 A。

5.C。【解析】实施信息认证的方法包括:数字签名、身份认证和消息验证。而密钥管理属于加密处理,因此答案为 C。

6.B。【解析】密钥管理包括密钥产生、存储、装入、分配、保护、丢失、销毁及保密等内容。其中,最关键和最难解决的问题就是解决密钥的分配和存储问题,因此答案为 B。

7.B。【解析】数据结构主要研究的是:数据的逻辑结构——数据关系之间的逻辑关系;数据的存储结构——数据的逻辑结构在计算机中的表示;操作算法——数据的插入、删除、修改、查询和排序等。本题答案为 B。

8.C。【解析】存储结构是指计算机语言如何表示结点之间的关系。常用的基本映射存储方法有:顺序表、链表、索引和散列表。本题答案为 C。

9.B。【解析】由串的定义知,串是由零个或多个字符组成的有限序列,串中字符的数目就是串的长度。串的存储有顺序存储和链式存储两种。串的基本运算有:创建串、判断串是否为空、计算串长度、串连接、求子串和串的定位。推入是栈的基本运算之一。故 B 正确。

10.D。【解析】push、top 和 pop 都是栈的基本操作。其中 push 是往栈中插入一个元素,top 是求栈顶元素的值,pop 是从栈中删除一个元素。当初始栈为空,输入序列为 A、B、C、D、E、F,经过题中的每一步操作时,栈中元素依次为:A,AB,ABC,AB(删除 C),A(删除 B),AD,ADE,AD(删除 E),A(删除 D),空(删除 A),F。所以,从栈中删除的元素序列为 CBEDA。

11.A。【解析】经过了题中指定的操作后,栈中元素只剩下了 F,其余都被弹出栈。本题答案为 A。

12.C。【解析】对一个非空二叉树,遍历时分三个步骤:①访问根结点;②先序遍历左子树;③先序遍历右子树。前序是按照①②③的顺序操作得到的序列,对称序是按照②①③的顺序操作得到的序列,后序是按照②③①的顺序操作得到的序列。当一个序列根结点为 A,只有左子树 B 时,它的对称序为 AB,前序为 BA,故选项 A 和 B 均不正确。若上述序列 A 的右子树为 C,C 的左子树为 D 时,这个序列的对称序是 BADC,前序是 ABCD。树叶 D 为前序的最后一个结点,但却不为对称序的最后一个结点,故选项 D 也不正确。

13.B。【解析】根据二叉树的性质可知,如果对一棵有 n 个结点的完全二叉树的结点按层序编号,则对任意结点 i(1≤i≤n)有:如果 i＝1,则结点 i 是二叉树的根,无双亲;如果 i>1,则双亲 PARENT(i)是结点 i/2。如果 2i>n,则结点 i 无左子树;否则其左孩子结点是 2i。如果 2i+1>n,则结点 i 无右孩子;否则其右孩子是结点 2i+1。本题答案为 B。

14.C。【解析】B树只适合随机检索,不适合顺序检索。而B+树把所有的关键码都存在叶子结点中,为顺序检索提供了方便,在实际应用中,使用的大多是B树的这种变形——B+树。同时,B树和B+树都是平衡的多路查找树,都是动态索引结构,都能有效地支持随机检索。

15.A。【解析】直接选择排序是对文件进行$n-1$次扫描,第i次扫描从剩下的$n-i+1$个记录中选出关键码值最小的记录与第i个记录交换。时间复杂度为$0(n(n-1)/2)$。起泡排序和快速排序均为交换排序,但快速排序空间复杂度较高。归并排序要求待排序文件已经部分排序。在待排序文件已基本有序的前提下,起泡排序效率最高。

16.D。【解析】操作系统对每一种资源的管理所完成的工作包括:记录资源的使用状况、确定资源分配策略、实施资源分配和回收资源。

17.A。【解析】强迫性中断包括:输入/输出中断、硬件故障中断、时钟中断、控制台中断和程序性中断。其中程序性中断包括程序执行特权指令,地址越界,虚拟存储中的缺页、缺段、溢出和除零等。访管中断是自愿性中断。

18.C。【解析】引入多道程序设计的目的是充分利用CPU,提高CPU的利用率,即让CPU的每一个时间段都能够高速轮转执行程序。

19.C。【解析】为了能对时间紧迫或重要程度高的进程进行调度,应当选择基于优先级的抢占式调度算法。而先进先出调度算法是先申请CPU的进程先执行、后申请CPU的进程后执行;时间片轮转调度算法是将CPU时间划分为均匀的时间段,按照进程的顺序轮流执行进程;最短作业优先调度则是执行时间最短的进程先执行。

20.D。【解析】存储管理地址映射中,内存地址是按照物理地址进行编址的。用户程序中使用的是逻辑地址,且从0开始编址;动态地址映射是在程序执行过程中完成的,而且需要硬件的支持。

21.D。【解析】LRU算法淘汰最后一次访问时距当前时间间隔最长的页面。访问题中的序列时,使用顺序即访问顺序。所以内存中依次是231,215(淘汰3),254(淘汰1),543(淘汰2),532(淘汰4)。所以缺页次数为4。

22.B。【解析】在进行目录项分解后,256个目录项,每个符号目录占8字节,因此$8256=2048$字节,同时,每个物理块大小为512字节,因此,进行目录项分解后,需要存放符号文件的物理块大小为$2048\div512=4$。

23.A。【解析】分解后,符号文件占$2568/512=4$,即需要四个物理块存放符号文件,所以平均访盘为:$(1+4)/2+1=3.5$次。

24.A。【解析】虚拟设备技术是指在一台共享设备(通常是高速、大容量的磁盘)上模拟独占设备的操作,把一台低速的、独占设备改造成为若干台可并行操作的虚拟设备。引入虚拟设备技术是为了提高设备利用率,SPOOLing技术是一类典型的虚拟设备技术。A项错误,虚拟设备技术仅仅是将独占设备变成逻辑上的共享设备。

25.C。【解析】数据库系统的软件平台包括:DBMS及支持DBMS运行的操作系统(OS)或网络操作系统(NOS);能与数据库接口的高级语言及其编译系统;以DBMS为核心的应用开发工具;为特定应用环境开发的数据库应用系统。

26.A。【解析】层次结构一棵树。网状模型中记录之间的联系是通过指针实现的。在面向对象模型中每一个对象都有唯一的标识。每个关系都是二维表,但是反之则不正确。本题答案为A。

27.B。【解析】网状模型的典型代表是DBTG系统,也称为CODASYL系统,它是20世纪70年代由数据系统语言研究会下属的数据库任务组提出的。

28.D。【解析】数据库三级模式结构由外模式、模式和内模式组成。其中,DBMS数据库管理系统在数据库三级模式之间提供外模式/模式映像,而且外模式/模式映像实现数据的逻辑独立性。一个数据库只有也只能有一个模式。本题答案为D。

29.A。【解析】用户选为元组标识的一个候选码为主码;若某个关系的主码相应的属性在另一关系中出现,此时该主码就是另一关系的外码。如有两个关系S和SC,其中S#是关系S的主码,相应的属性S#在关系SC中也出现,此时S#就是关系SC的外码。如果一个关系模式的所有属性的集合是这个关系的主码,则称这样的主码为全码。本题答案为A。

30.D。【解析】零件关系P的主码是"零件号",原关系中已有一个编号为"201"的零件号,故不能再插入一个编号为"201"的零件号;供应关系S中没有"S01"这个供应商号,故不能插入第Ⅱ项;关系P的属性"颜色"只能取值为"红"、"白"或"兰",不能插入一个"颜色"为"绿"的行。所以,题中三项均不能插入到关系P中。

31.B。【解析】关系P中,没有"供应商号"为"Z01"的行,所以关系S中"Z01"那一行可以被删除。

32.A。【解析】在操作Ⅱ中,语句试图对主码进行修改,而主码是标识的唯一方式,因此不能对主码进行修改,所以本题答案为A。

33.B。【解析】$\{t|t\in R\lor t\in S\}$表示t既属于R,又属于S,是R与S的并集,即$R\cup S$。选项D,$R-(R-S)$表示从R中消

< 96 >

除与 S 不同的部分,即 R∩S。

34. D。【解析】若关系 R 和 S 是相容的,则通过赋值操作可将关系 S 赋给关系 R,记作 R←S,通常这里的关系 S 是经过关系代码操作得到的新关系。赋值操作可以把复杂的关系表达式转化为若干简单表达式,使插入、删除和更新更方便。本题答案为 D。

35. A。【解析】关系 R 和 S 连接,同时约束条件是"C＜E",即可得到关系 T。因此,本题答案为 A。

36. C。【解析】本题考查的是空值 NULL 的查询。涉及空值赋值的一般形式是:列名 IS[NOT]NULL,注意不能写成列名＝NULL 或列名＝NOT NULL。本题答案为 C。

37. C。【解析】本次查询用到的属性有课程号 cno、成绩 grade,学生的学号 sno 和学生姓名 sname。其中,cno 和 grade 在表 SC 中,sno 和 sname 在表 STUDENT 中,而且这两个表有一个公共属性 sno,要实现本次查询只需使用表 STUDENT 和 SC 即可。

38. B。【解析】视图是关系数据库系统提供给用户的以多种角度观察数据库中数据的重要机制。视图是从一个或几个基本表(或视图)导出的表,它与基本表不同,是一个虚表。视图可以对机密数据提供安全保护,同时视图提供了一定程度的数据逻辑独立性。对视图的一切操作最终要转换为对基本表的操作。本题答案为 B。

39. A。【解析】SQL 中引入了连接表(Joined Table)的概念,它允许用户在一个 SELECT 语句的 FROM 子句中指定连接操作,这些连接操作所得表为连接表。

40. B。【解析】关系代数的五种基本操作是:并、差、笛卡儿积、投影和选择。

41. D。【解析】与人工管理和文件系统阶段相比,数据库系统阶段具有如下特点:数据库系统自描述特点;数据结构化;数据共享性高、冗余度小、易扩充;数据独立性高;统一的数据管理和控制。

42. D。【解析】数据库管理系统的主要功能有:数据定义功能、数据操纵功能、数据库的运行管理、数据库的建立和维护功能、存储管理功能、查询处理功能和事务管理功能。本题答案为 D。

43. A。【解析】第二存储器比主存慢得多,存储容量比主存大得多,基本是随机访问;第三存储器访问时间在一个很宽的时间范围内,取决于数据与读/写设备之间的距离;高速缓存是成本最高且速度最快的。本题答案为 A。

44. C。【解析】串行调度由来自各事务的指令序列组成,其中属于同一事务的指令在调度中紧挨在一起。调度一中,事务 T1 和 T2 各自的指令都紧挨在一起,故为串行调度。调度二中 T1 和 T2 是两个并发执行的事务,其中的一个事务执行一段时间后,然后切换,执行第二个事务一段时间,接着又切换到第一个事务,执行一段时间,如此进行下去。这样的调度为并发调度。而调度一和调度二执行完成后,得到的状态与串行调度一样,A＋B 之和保持不变。故选项 C 正确。

45. C。【解析】SELECT 语句用于数据库的查询,而不改变数据库的原有数据,同时执行两个 SELECT 操作,不会引起冲突。而 DELETE、UPDATE 会改变数据库的数据,同时执行包含这两个语句的操作时,可能会引起冲突。

46. D。【解析】DBMS 正向着智能化、集成化、支持互联网应用、产品系列化、支持扩展关系和保证安全性这些方面发展。本题答案为 D。

47. A。【解析】MASTER 的主要功能是通过跟踪诸如用户账户,可配置环境变量和系统错误信息,控制用户数据库和 SQL Server 的整体运行。MODEL 的功能是为创建新的用户数据库提供模板或原型。TEMPDB 的功能是为临时表或其他临时工作区域提供存储区域。MSDB 的功能是为调度信息和作业历史提供存储区域。

48. B。【解析】每一个 Oracle 数据库有一个或多个表空间,故选项 B 不正确。

49. B。【解析】SQL Server。数据库管理系统的系统权限分为服务器权限和数据库权限。数据库管理员执行数据库管理任务,这属于服务器权限。数据库权限又可以分为数据库对象权限和数据库语句权限两种。数据库语句权限允许用户创建数据库对象。本题答案为 B。

50. D。【解析】关系模式设计不当引起的问题有:数据冗余、更新异常、插入异常和删除异常。

51. C。【解析】选项 A 为自反律、选项 B 为增广律、选项 D 为传递律、选项 C 是 Armstrong 公理的推论。

52. C。【解析】函数依赖是多值依赖的特殊情况,则叙述Ⅰ正确,叙述Ⅱ错误。叙述Ⅲ是 Armstrong 系统中的自反律,正确。叙述Ⅳ可由Ⅰ和Ⅲ得到,叙述Ⅴ可由Ⅳ和传递律得到。叙述Ⅵ的错误和Ⅱ的错误一样。故选 C。

53. B。【解析】规范化理论是数据库设计的理论基础;规范化理论最主要的应用是在数据库逻辑结构设计阶段;在数据库设计中,有时候会降低规范化程度来实现高查询性能。本题答案为 B。

54. B。【解析】只有两个属性,非主属性不传递依赖于关系 R,符合 3NF 的定义。两个属性组成的关系中并没有排除主属性对候选属性的传递依赖(BCNF)。本题答案为 B。

55. C。【解析】模式分解具有无损连接性和保持函数依赖的两个互相独立的标准。具有无损连接性的分解不一定保持函数依赖，保持函数依赖的分解不一定具有无损连接性。关系模式的一个分解可能具有无损连接性，可能是保持函数依赖的，也可能是既具有无损连接性又保持函数依赖的。

56. B。【解析】一个 1:n 联系转换为一个关系模式，关系的码是 1:n 联系的 n 端实体的码。本题答案为 B。

57. B。【解析】PowerDesigner 中的 Processer。Analyst 模块用于数据分析或"数据发现"，它们的主要功能是：用于数据分析和数据发现，可描述复杂的处理模型。本题答案为 B。

58. C。【解析】客户端表现逻辑完全通过脚本实现。服务器端程序由 Web 服务器端动态解释执行，这些程序可以调用应用服务器上的应用构件，并获得处理结果，最终 Web 服务器将依据执行结果生成适当的 HTML 返回给客户端浏览器。

59. C。【解析】分布式数据库管理系统在集中式数据库管理系统功能之外提供的附加功能有：分布式查询处理、复制数据的管理、分布式数据库安全和分布式目录管理。本题答案为 C。

60. D。【解析】数据挖掘指用专门算法从数据中抽取有用的模式。当已有 A 时，B 发生的概率即条件概率，在数据挖掘中也称为可信度，计算方法是求百分比，即 A 与 B 同时出现的频率/A 出现的频率。

二、填空题

1. HTML【解析】HTML(Hyper text Mark up Language)即超文本标记语言，是 WWW 的描述语言。

2. 网络互联设备【解析】Intemet 是一个通过网络互联设备——路由器将分布在世界各地的数以万计的广域网、城域网和局域网互联起来，而形成的全球性的大型互联网络。

3. 指针【解析】在链式存储结构中，用指针来体现数据元素之间逻辑上的联系。

4. 6【解析】将序列 mod 13，则 14mod13＝1,95mod13＝4,24mod13＝11,61mod13＝9,27mod13＝1,82mod13＝4,69mod13 ＝4。将它们放入地址中，则 14 放入 1,95 放入 4,24 放入 11,61 放入 9,27 放入 2,82 放入 5,69 放入 6。

5. 2k+1-1【解析】当二叉树为满二叉树时有最大结点数，此时结点数为 2k+1-1。

6. 就绪【解析】进程的三种基本状态包括就绪态(准备完毕等待执行)、运行态(占用 CPU 运行进程)和等待态(等待再次运行)。

7. 缺页【解析】缺页中断就是要访问的页不在主存，需要操作系统将其调入主存后再进行访问。

8. 索引【解析】此题容易与 Hash 结构混淆，Hash 结构与索引结构的主要区别就在于 Hash 结构没有建立一张索引表。本题答案为索引结构而不是 Hash 结构。

9. 信息【解析】信息是现实世界事物的存在方式或运动状态的反应，信息具有可感知、可存储、可加工、可传递和可再生等自然属性。数据是描述现实世界事物的符号记录，是指向物理符号记录下来的可以复制的信息。

10. ALTER TABLE ADD【解析】SQL 用 ALTER TABLE 语句扩充和修改基本表，其一般格式为：ALTER TABLE＜表名＞[ADD＜列名＞＜数据类型＞f＜完整性约束＞]][ADD＜完整性约束＞]。ADD 子句用于增加新列和新的完整性约束。

11. sname,grade【解析】本题中涉及到了关系运算中的选择、投影和连接运算。

12. 动态【解析】动态 SQL 语句是指在程序编译时尚未确定，其中有些部分需要在程序的执行过程中临时生成的 SQL 语句，它允许在 SQL 客户模块或嵌入式宿主程序的执行过程中执行动态生成 SQL 语句。

13. 索引【解析】通过索引，系统可快速定位所要数据的位置，避免在查询时对表进行全部扫描。散列表和索引都可以实现快速定位，但索引是为快速定位而设计的附加的数据结构。

14. 全表【解析】在数据库中，对无索引的表进行查询一般称为全表扫描。全表扫描是数据库服务器用来搜寻表中的每一条记录的过程，直到返回所有符合给定条件的记录为止。

15. Designer/2000【解析】Designer/2000 是 Oracle 提供的 CASE 工具，能够帮助用户对复杂系统进行建模、分析和设计。

16. Application Server【解析】Oracle 9i 是指 Oracle 9i 数据库、Oracle 9i Application Sever 和 Oracle 9i Developer 的完整集成。

17. 部分【解析】设 X、Y 是关系 R 的两个属性集合，存在 X→Y，若 X' 是 X 的真子集，存在 X'→Y，则称 Y 部分函数依赖于 X。

18. 物理【解析】数据库设计中物理结构设计的大致内容有：存储记录和格式设计、存储结构设计和存取方法设计。

19. 元组【解析】面向对象数据库的数据模型与关系模型的不同之处是，它有三个最基本的类型构造器：原子(Atom)、元组(Tuple)和集合(Set)。包括有列表(List)、包(Bag)和数组(Array)。

20. Web【解析】Web挖掘是数据挖掘在Web上的应用,它利用数据挖掘技术从与WWW相关的资源和行为中抽取感兴趣的、确用的模式和隐含信息。

 ## 第5套　笔试考试试题答案与解析

一、选择题

1. B【解析】数字信号处理器(DSP)是进行数字信号处理的专用芯片。它主要用于需要快速处理大量复杂数字信息的领域,如通信设备、雷达、数字图像处理设备、数字音视频设备中。所以本题答案为B。

2. B。【解析】八进制数1507化成十进制数为:$1×8^3+5×8^2+0×8^1+7×8^0＝839$,所以答案为B。

3. B。【解析】通信线路是网络信息交互中实际传送数据的载体。路由器是Internet中最重要的通信设备之一,它的作用是将Internet中的各个局域网、城域网或广域网以及主机互联起来。WWW服务是目前Internet上最方便和最受欢迎的信息服务类型之一。WWW是以超文本标注语言(HTML)与超文本传输协议(HTTP)为基础,能够提供面向Internet服务的、风格一致的用户界面的信息浏览系统。调制解调器,所谓调制,就是把数字信号转换成电话线上传输的模拟信号;解调,即把模拟信号转换成数字符号。

4. C。【解析】电子邮件程序向邮件服务器发送邮件时,使用的协议是SMTP。当电子邮件软件从邮件服务器读取邮件时,使用邮局协议POP3或交互式邮件存取协议IMAP。POP3(Post Office Protocol 3)即邮局协议的第三个版本,它规定怎样将个人计算机连接到Internet的邮件服务器和下载电子邮件的电子协议。IMAP的主要作用是邮件客户端(例如Ms Otlook Express)可以通过这种协议从邮件服务器上获取邮件的信息,下载邮件等。

5. A。【解析】特洛伊木马是一种较为原始的攻击方式,它主要是在所谓的普通程序中隐含了具有非法功能代码的程序。逻辑炸弹是某些程序员为了达到其非法目的而编写的一段程序代码,并将其秘密地放入某个软件产品的相互代码中。一旦出现了事先设定的符合逻辑炸弹启动的条件时,隐藏在软件产品中的逻辑炸弹就会启动,进行一些特殊的非法操作,以达到该逻辑炸弹设计者的目的。与逻辑炸弹类似,后门陷阱也是由内部程序设计人员造成的安全漏洞。僵尸网络是指采用某种传播手段,通过网络使得大量计算机系统感染一种僵尸程序,从而使得这些计算机系统被某个非法操纵者所管理的远程服务器控制,构成一个一对多的受控制网络。

6. C。【解析】ADSL(Asymmetrical Digital Subscriber Loop)因为上行(用户到电信服务提供商方向,如上传动作)和下行(从电信服务提供商到用户的方向,如下载动作)带宽不对称(即上行和下行的速率不相同),因此称为非对称数字用户线路。所以答案为C。

7. B。【解析】一般认为,一个数据结构是由数据元索依据某种逻辑联系组织起来的。对数据元素间逻辑关系的描述称为数据的逻辑结构;数据必须在计算机内存储,数据的存储结构是数据结构的实现形式,是其在计算机内的表示;此外讨论一个数据结构必须同时讨论在该类数据上执行的运算才有意义。

8. D。【解析】链式存储结构中有单链表和双向链表。单链表中每个结点只设置一个指针域,用以指向其后续结点,而双向链表在每个结点中设置两个指针域,分别指向其前驱结点和后续结点,所以Ⅱ是不正确的。线性表为空表时,头结点的指针域为空,所以Ⅳ是不正确的。链式存储结构不可以通过计算直接确定第i个结点的存储地址,所以V是不正确的。

9. D。【解析】栈是一种后进先出的结构,应用广泛。几个应用栈的典型例子有:数制转换、括号匹配检验、行编辑程序、表达式求值、树的层序遍历、二叉树对称序周游算法等。快速排序算法主要用了递归算法。

10. C。【解析】队列的基本操作如下:构造空队列、清空队列、判断队列是否为空、求队列长度(队列元素个数)、读取队列头元素的值、在队尾插入新元素、删除队头元素。

11. D。【解析】无论规定行优先或列优先,只要知道以下三要索便可随求出任一元素的地址:开始结点的存放地址(即基地址)、维数和每维的上下界、每个数组元素所占用单元数。设一般的二维数组是$A[c_1..d_1, c_2..d_2]$,则行优先存储时的地址公式为:$LOC(a_{ij})＝LOC(a_{c_1,c_2})+[(i-c_1)(d_2-c_2+1)+(j-c_2)]L$;二维数组列优先存储的通式为:$LOC(a_{ij})＝LOC(a_{c_1,c_2})+[(j-c_2)(d_1-c_1+1)+(i-c_1)]L$。本题中,$c_1=1,c_2=1,d_1=n,d_2=n$,代入行优先的公式,可知D选项正确。

12. C。【解析】线性表顺序存储方式:可随机存取表中任一结点,它的存储位置可以用一个简单、直观的公式来表示。链式存储方式:要查找某个位置的结点,必须从头开始逐个访问每个结点,直到找到该位置。不论是顺序存储还是链式存储方式,要查找某一特定关键码值的结点则必须采用遍历整个线性表的方法直到找到该结点。所以C为本题的正确答案。

13.D。【解析】二叉树是结点的有限集合,这个有限集合或者为空集,或者由一个根结点及两棵不相交的,分别称做这个根的左子树和右子树的二叉树组成。最简单的二叉树是空二叉树。二叉树不是树的特殊情况,树和二叉树之间最主要的区别是:二叉树的结点的子树要区分左子树和右子树,即使在结点只有一棵子树的情况下也要明确指出该子树是左子树还是右子树。每一棵二叉树都能唯一地转化成它所对应的树(森林)。

14.A。【解析】起泡排序的算法思想:将排序的记录顺次两两比较,若为逆序则进行交换。将序列照此方法从头到尾处理一遍做一趟起泡。一趟起泡的效果是将关键码最大的记录交换到了最后的位置,即该记录的排序最终位置;第二趟起泡再将次最大关键码交换到到数第二个位置,即它的最终位置;如此进行下去,若某一趟起泡过程中没有发生任何交换,或排序已经进行了 n−1 趟,则排序过程结束。所以本题答案为A。

15.C。【解析】本题考查快速排序的效率。就平均时间而言,快速排序效率为 $O(n\log_2 n)$。在最坏的情况下,快速排序的效率降低为 $O(n^2)$。所以正确答案为C。

16.D。【解析】网络操作系统就是在计算机网络中管理一台或多台主机的软硬件资源、支持网络通信、提供网络服务的程序集合。网络操作系统的主要任务是对全网资源进行管理,实现资源共享和计算机间的通信与同步。所以本题答案为D。

17.A。【解析】特权指令是指只允许操作系统使用,而不允许一般用户使用的指令。访管指令属于非特权指令,是一条可以在目态下执行的指令,用户程序中凡是要调用操作系统功能时就安排一条访管指令。当处理器执行到访管指令时就产生一个中断事件(自愿中断),暂停用户程序的执行,而让操作系统来为用户服务。

18.C。【解析】A中进程执行时出错会引起中断并等待操作系统处理,通常是将进程结束。B中进程等待某个资源会导致该进程被挂起,从运行态转换为等待状态。D中进程等待的资源变为可用,进程会从等待状态转换为就绪状态。C中进程时间片用完,进程会从运行态转换为就绪状态。所以正确答案为C。

19.B。【解析】①③处需要申请进入互斥区对 read_count 变量进行操作;②④处退出对 read_count 变量进行操作的互斥区。所以正确答案为B。

20.D。【解析】存储管理主要解决以下几个方面的问题:内存的分配与回收、内存空间的共享、存储保护、地址映射和内存扩充。因而可以看出A、B、C均是存储管理的任务,D不是,所以正确答案为D。

21.B。【解析】每个进程都有自己的工作集,工作集大小可以调整。工作集模型解决了系统颠簸的问题。工作集最为重要的属性是其大小,工作集大小,会导致进程经常缺页,缺页率上升,工作集大一些,可以降低缺页率。所以正确答案为B。

22.A。【解析】记录式文件中的记录可以是定长的,也可以是变长的,所以第三条错误。记录可以只有记录键,也可以含有记录键和其他属性,所以第二条错误。文件可以分为流式文件(即无结构文件)和有结构文件,源程序和目标代码等文件属于流式文件。所以正确答案为A。

23.C。【解析】主索引表可以访问到前10个物理块,一级索引表可以访问128个物理块,二级索引表可以访问128×128＝16384个物理块。按顺序,访问第15000物理块应该需要访问二级索引表。正确答案为C。

24.A。【解析】磁盘驱动调度中移臂调度只能减少磁头寻道时间。所以正确答案为A。

25.A。【解析】层次模型主要反映现实世界中实体间的层次关系,是以树形结构表示各类实体及它们的联系。树形结构中结点为记录型,记录型间的联系表示为树形结构的边。层次模型的存储结构通过邻接法、链接法和邻接—链接混合法实现数据的存储连接。层次数据库系统的典型代表是 IBM 公司的 IMS 数据库管理系统。

26.A。【解析】数据库系统有三级模式结构,从内向外依次是:内模式、模式、外模式。内模式是数据物理结构和存储结构的描述;模式是数据库所有数据的逻辑结构和特征描述;外模式是数据库用户看到和使用的局部数据的逻辑结构和特征。三级模式间有两层映像,分别是模式/内模式映像和外模式/模式映像。模式/内模式映像只有一个,外模式/模式映像与用户个数相同。所以正确答案为A。

27.C。【解析】游标语句一共有四条,分别是:定义游标(DECLARE)、打开游标(OPEN)、推进游标(FETCH)、关闭游标(CLOSE)。其中,FETCH 语句可以执行游标定义中的操作。所以正确答案为C。

28.B。【解析】信息资料的准确性是信息价值的关键,不真实的信息将毫无价值。信息强调及时性,过时的信息价值为0。信息的完整性越高,信息的价值就越高。信息应该是可靠的,不可靠的信息价值低。可移植性指信息可以借助一定的载体传给接收者。故答案选B。

29.D。【解析】实体完整性约束是对关系中主键属性值的约束。实体完整性规则为:若属性A是关系R的主属性,则属性A不能取空值。即:①实体完整性约束是对关系的约束;②每个关系必须有主键,且主键值唯一,用于标识关系的元组;③

组成主键的属性都不能取空值，而不仅仅是主键属性集整体不能取空值。

30．C。【解析】在 SQL 语言中，创建索引使用 CREATE INDEX 语句，其一般格式为：

CREATE［UNIQUE］［CLUSTER］INDEX＜索引名＞

ON＜表名＞（＜列名＞［＜顺序＞］［，＜列名＞［＜顺序＞］］…］）；

每个＜列名＞后面还可以用＜顺序＞指定索引值的排列顺序，包括 ASC（升序）和 DESC（降序）两种，默认是升序。U-NIQUE 表示此索引的每一个索引值只对应唯一的数据。CLUSTER 表示要建立的索引是聚簇索引。

31．D。【解析】笛卡儿积的操作是将两个关系（R 和 S）中的属性合并到一个关系中，即新关系的元数是 R 与 S 的元数之和（r＋s）。在笛卡儿积的操作中，关系 R 的每个元组都和关系 s 的全部元组进行联系，生成新关系中的新元组，所以新关系中元组的个数是 n×m。

32．C。【解析】实体与实体间的联系分为三种类型：一对一、一对多、多对多。故答案为 C。

33．A。【解析】关系代数运算中，并运算、笛卡儿积运算和自然连接运算都满足交换律。选项 A 为半连接运算，不满足交换律。所以选项 A 为正确答案。

34．D。【解析】删除表操作可以删除一个基本表，连同表的基本结构、表中的数据、建立在该表上的索引和建立在该表上的所有视图一并删除并释放空间。所以正确答案为 D。

35．C。【解析】该视图要求有学生姓名（在关系 S 中）、成绩（在关系 SC 中），所涉及到的关系只有 S 和 SC，所以选项 C 为正确答案。

36．B。【解析】GROUP BY 子句会把在子句所有属性上具有相同值的元组分到一个分组中。ORDER BY 子句可以让查询结果中的元组按排列顺序显示。WHERE 子句对应关系中的选择谓词，包括一个作用在 FROM 子句中关系的属性上的谓词。COUNT 是聚集函数，通常作用于 GROUP BY 形成的分组。综上所述，应该首先选 GROUP BY 子句，而 WHERE 子句作用于 FROM 子句中的关系，而非 GROUP BY 子句形成的分组，所以应选 HAVING 子句而非 WHERE 子句。由此可知，正确答案是 B。

37．C。【解析】对视图进行插入、删除和更新操作会有困难，因为视图仅是一种虚构的表，并非实际存在于数据库中，而以上这些操作会引起数据库变动。只有在一些特殊情况下，可以对视图进行这些操作，如视图中的每一行、列都对应于基本表中的唯一一行、列，即视图是行列子集视图。所以正确答案为 C。

38．D。【解析】实体型之间的联系可以存在于两个实体型之间，也可以存在于多个实体型之间，故本题答案选 D。

39．D。【解析】本题主要考察 SQL 语言的基本概念。SQL 是结构化查询语言，非过程化语言，功能强大。它的功能包括数据定义（DDL）、数据操作（DML）和数据控制（DCL）三个方面。它的操作是面向集合的，接受集合作为输入，返回集合作为输出。它具有自含式和嵌入式两种使用方式，且语言简洁，易学易用。所以正确答案为 D。

40．B。【解析】通常情况下，只有基本表有相应的 create、drop、alter 语句，而模式、视图、索引、域都有定义其上的相应的 create、drop 语句，但没有相应的 alter 语句。故答案选 B。

41．D。【解析】观察这三个关系，显然 T 不可能是自然连接，因为自然连接条件下 R 中的元组（b b f）和 s 中的元组（e f g）不应存在于关系 T 中，外部显然更不可能。如果是半连接，则 T 的属性个数和名称应该与 R 或 s 完全相同。外连接是在 R 和 s 进行自然连接时，把原该舍弃的元组也保留在新关系中，同时在这些元组的新增属性上填空值，如果是外连接，则正好可以产生如图中所示的关系 T。故答案选 D。

42．C。【解析】第二级存储器速度比主存慢得多，存储容量比主存大得多，基本上是随机访问。在发生电源故障或者系统崩溃时，数据能保留下来。最常用的第二级存储器是磁盘存储器。第二级存储器称为辅助存储，或联机存储。故答案为 C。

43．B。【解析】按分槽的页结构组织变长记录，在每个块的开始处的块头中记录有如下信息：块头中记录条目的个数、块中空闲空间的末尾地址、一个包含每条记录位置和大小的条目组成的数组。没有读取时需要的缓存大小等信息，所以正确答案选 B。

44．D。【解析】顺序索引中点查询的开销依赖于记录的个数，但相对较快（如采用折半查找等算法）。因为顺序索引中搜索码值是顺序存储的，所以进行范围查询时非常方便有效。散列索引进行点查询时，开销是一个常数，因此非常有效。但由于散列索引中具有相近的搜索码值的记录分散在不同的物理区域中，很难进行范围查询。所以答案选 D。

45．D。【解析】日志文件在数据库恢复中起着非常重要的作用，它记录了数据库中所有的更新活动，包括日志提交记录＜Ti commit＞。利用更新日志记录中的改前值可以进行 UNDO，撤销已做的修改操作；利用更新日志记录中的改后值可以进行 REDO,重做已完成的操作。事务故障恢复的步骤是:反向扫描日志文件,查找该事务的更新操作,对每一个更新操作执行 UNDO,直到读到该事务的开始日志。故答案选 D。

46. C。【解析】SQL Server 2000 服务器端组件主要包括下列四个部分:SQL 服务器服务、SQL 服务器代理、分布式事务协调服务和服务器网络应用工具。查询分析器位于客户端。所以答案选 C。

47. D。【解析】SQL Server 2000 中常用的数据库对象是:表、约束、规则、索引、数据类型和用户自定义函数等。故答案选 D。

48. A。【解析】Oracle 数据库是存储数据的集合,它包括日志文件和控制文件。Oracle 实例由系统全局区和一些进程组成,包括 Oracle 进程和为一个数据库操作的特定实例而创建的所有用户进程。故答案选 A。

49. A。【解析】Oracle 目前可以存储极大的对象,为此引入了新的数据类型,包括:BLOB(二进制数据型大对象)、CLOB(字符数据型大对象)、BFILE(存储在数据库之外的只读型二进制数据文件)、NCLOB(固定宽度的多字节 CLOB)。所以正确答案选 A。

50. D。【解析】概括数据库及其应用系统开发全过程,将数据库设计分为以下六个阶段:需求分析、概念结构设计、逻辑结构设计、物理结构设计、数据库实施、数据库运行和维护。数据库应用结构设计和数据库管理系统设计不在其中。所以答案选 D。

51. B。【解析】概念模型应具备以下特点:有丰富的语义表达能力;易于交流和理解;易于变动;易于向各种数据模型转换。故答案选 B。

52. C。【解析】选项 C 描述的是部分函数依赖。一般地,函数依赖不一定是部分函数依赖。

53. D。【解析】多值依赖有如下性质:①若 X→→Y,则 X→→Z,其中 Z=U−X−Y,即多值依赖具有对称性;②若 X→Y,则 X→→Y,即函数依赖可以看做多值依赖的特殊情况;③若 X→→Y 在 R(U)上成立,且 Y'⊂Y,不能断言 X→→Y'在 R(U)上成立,这是因为多值依赖的定义中涉及了 U 中除 X,Y 之外的其余属性 Z,考虑 X→→Y'是否成立时涉及的其余属性 Z'=U−X−Y'比确定 X→→Y 成立时涉及的其余属性 Z=U−X−Y 包含的属性列多,因此 X→→Y'不一定成立。所以答案选 D。

54. C。【解析】关系模式中全部都是主属性,则肯定是 BCNF,但不一定是 4NF。故答案选 C。

55. D。【解析】首先观察函数依赖集,其中属性 A、B、C、D 仅出现在函数依赖的左边,故该关系模式的码必然包含属性 A、B、C、D。又从依赖集可知,从 A、B、C、D 四个属性的属性集合的闭包包含了关系 P 中的所有属性。所以可知(A,B,C,D)为关系模式 P 的码。故答案选 D。

56. C。【解析】从两个关系模式 P1 和 P2 没有交集可知,这个分解没有无损连接性;又所有的函数依赖关系都被这两个关系模式所继承,所以它是函数依赖保持的。故答案选 C。

57. D。【解析】以 Web 服务器为中心的浏览器/服务器模式中,所有的数据库应用逻辑都在 Web 服务器端的服务器扩展程序中执行。服务器扩展程序是使用 CGI 或 Web API 在 Web 服务器端编写的数据库应用程序。与传统的客户机/服务器结构相比,在用户界面、事务处理以及系统的运行效率等方面存在着很大的不足,这是因为:用户界面受 HTML 语言的限制;Web 服务器负载过重;HTTP 的效率低。故答案选 D。

58. A。【解析】在 VS2008 中包含许多新特性和新功能,主要包括:.NET Framework 对重定向的支持;ASP. NET AJAX 和 JavaScript 智能客户端支持;全新的 Web 开发新体验,Web 设计器提供了分割视图编辑、嵌套母板页以及强大的 CSS 编辑器集成;编程语言方面的改进和 LINQ;浏览.NET Framework 库源码;智能部署 ClickOnce;.NET Framework 3.5 增强功能;集成对 Office(VSTO)和 Sharepoint 2007 开发的支持;在 Windows Server 2008,Windows Vista 和 Microsoft Office 2007 下最好的开发工具集;单元测试功能,所有的 Visual Studio 专业版版本都支持单元测试功能等。对 Visual Studio 而言,其中一个最大的明显不足之处在于每一个 VS 版本都要绑定一个特定版本的 CLR。比如,使用 Visual Studio 2005 时,就不可能创建除了.NET 2.0 应用以外的其他应用程序。在 Visual Studio 2008 里,这一问题会随着一个微软称之为多定向(Multi−targeting)的技术出现而得到部分解决。故答案选 A。

59. C。【解析】一个分布式数据库系统包含一个结点的集合,这些结点通过某种类型的网络连接在一起。其中,每一个结点是一个独立的数据库系统结点。分布式数据库系统提供了不同透明度层次的分布式数据管理。即,分布式数据库系统具有位置透明性、复制透明性和分片透明性等。对于并发控制和恢复,分布式 DBMS 环境中会出现大量的在集中式 DBMS 环境中碰不到的问题。数据库中的数据分别在不同的局部数据库中存储、由不同的 DBMS 进行管理、在不同的机器上运行、由不同的操作系统支持、被不同的通信网络连接在一起。故答案选 C。

60. B。【解析】在实际应用中,对象数据库设计与关系数据库设计之间一个最主要的区别是如何处理联系。在对象数据库中,联系典型地通过使用联系特性或者包括相关对象的 OID 的参照属性来处理。在关系数据库中,元组中的联系是通过匹配值的属性来指定的。对象数据库设计与关系数据库设计的另一个重要的区别在于如何处理继承。在对象数据库中,这些结构内建在模型中,因此通过使用继承构造来获得映射。在关系型的设计中,由于在基本的联系模型中不存在内建的构造,所以有不同的方案。故答案选 B。

二、填空题

1. RISC【解析】精简指令系统计算机(Reduced Instruction Set Computer,RISC)。

2. 主机名【解析】统一资源定位符(URL,英文 Uniform Resource Locator 的缩写)也被称为网页地址,是因特网上标准的资源地址,是用于完整地描述 Internet 上网页和其他资源的地址的一种标识方法。URL 由三部分组成:协议类型、主机名和路径、文件名。

3. 顺序存储结构【解析】因为二分法要不断访问位于线性表中点的元素,因此必须满足能随机访问的条件,采用顺序存储结构。

4. 小【解析】霍夫曼算法是用来求具有最小带权外部路径长度的扩充二叉树的算法。

5. m【解析】一棵 m 阶的 B 树满足下列条件:树中每个结点至多有 m 棵子树;除根结点和叶子结点外,其他每个结点至少有 m/2 棵子树;若根结点不是叶子结点,则至少有 2 棵子树;所有叶子结点都出现在同一层,叶子结点不包含任何关键字信息;有 k 个孩子的非终端结点恰好包含有 k−1 个关键字。

6. 系统调用【解析】操作系统向用户提供两类接口:一类用于程序一级,另一类用于操作控制一级。程序级接口由一组系统调用命令组成。系统调用是操作系统向用户提供的程序级的服务,用户程序借助于系统调用命令来向操作系统提出各种资源要求和服务请求。操作级接口由一组操作命令组成,是用户以交互方式请求操作系统服务的手段。

7. 银行家【解析】银行家算法是一种最有代表性的最著名的避免死锁的算法。

8. SPOOLing【解析】虚拟设备技术(SPOOLing 技术)是为解决独占设备数量少、速度慢、不能满足众多进程的要求,而且在进程独占设备期间设备利用率又比较低的情况而提出的一种设备管理技术。

9. 逻辑【解析】数据库中主要的数据模型有三种:概念层模型、逻辑层模型和物理层模型。

10. 参照【解析】关系数据模型的完整性约束主要包括:域完整性约束、实体完整性约束和参照完整性约束三类。其中实体完整性约束和参照完整性约束是关系模型必须满足的完整性约束条件,应该由关系数据库管理系统自动支持;而域完整性约束大多是指应用领域需要遵循的约束条件和业务规则,体现了具体应用领域中的语义约束。

11. 执行【解析】一个动态的 SQL 语句是在执行时创建的,不同的条件生成不同的 SQL 语句。

12. 连接【解析】连接也称为自然连接,是从两个关系的笛卡儿积中选取他们的属性间满足一定条件的元组。

13. 优化【解析】查询优化是指选择好的逻辑查询计划和好的物理查询计划以减少总的查询时间,提高查询速度。

14. 可串行化【解析】多个事务的并发执行是正确的,当且仅当其结果与按某一次序串行地执行它们时的结果相同。称这种调度策略为可串行化(serializable)的调度。

15. Webserver【解析】Oracle 针对 Internet/Intranet 的产品是 Oracle Webserver,由 Oracle WebListener,Oracle WebAgent 和 Oracle 服务器三部分组成。

16. 属性【解析】抽象数据类型是一种用户定义的对象数据类型,它由对象的属性及其相应的方法组成。抽象数据类型可以嵌套使用,便于复用。

17. 非平凡【解析】如果 X→Y,但 Y 不为 X 的子集,则称 X→Y 是非平凡的函数依赖。若 X→Y,但 Y 为 X 的子集,则称 X→Y 是平凡的函数依赖。

18. 函数依赖【解析】4NF 就是限制关系模式的属性之间不允许有非平凡且非函数依赖的多值依赖。

19. 记录或文件【解析】多媒体数据库必须采用一些模型使其可以基于文件或目录来组织多媒体数据源,并为它们建立索引。

20. 数据仓库【解析】数据集市(Data Market)是一种更小、更集中的数据仓库。简单地说,原始数据从数据仓库流入不同的部门以支持这些部门的定制化使用。这些部门级的数据库就称为数据集市。一个数据集市就是一个部门的数据集合。

 **第6套　笔试考试试题答案与解析**

一、选择题

1．B。【解析】服务程序是一类辅助性的程序，它提供各种运行所需的服务。如程序的装入、连接、编辑及调试用的装入程序、连接程序、编辑程序及调试程序以及故障诊断程序、纠错程序等。

2．B。八进制数转换成二进制数：把每一个八进制数转换成 3 位的二进制数，即整数部分用除基取余，小部分乘基取整的算法，就得到一个二进制数。

3．A。【解析】以太网(Ethernet)协议属于网络底层协议，通常在 OSI 模型的物理层和数据链路层操作。它是总线型协议中最常见的，数据速率为 10Mbps(兆比特/秒)的同轴电缆系统，是当今现有局域网采用的最通用的通信协议标准。

4．B。【解析】ADSL(Asymmetric Digital Subscriber Line，非对称数字用户线路)是一种新的数据传输方式。它因为上行和下行带宽不对称，因此称为非对称数字用户线路。它采用频分复用技术把普通的电话线分成了电话、上行和下行三个相对独立的信道，从而避免了相互之间的干扰。即使边打电话边上网，也不会发生上网速率和通话质量下降的情况。通常 ADSL 在不影响正常电话通信的情况下可以提供最高 3.5Mbps 的上行速度和最高 24Mbps 的下行速度。

5．C。【解析】搜索引擎是因特网上的一个 WWW 服务器，它的主要任务是在因特网中主动搜索其他 WWW 服务器中的信息并对其自动索引，将索引内容存储在可供查询的大型数据库中。用户可以利用搜索引擎所提供的分类目录和查询功能查找所需要的信息。

6．B。【解析】后门是指绕过安全性控制而获取对程序或系统访问权的方法。

7．C。【解析】数据的逻辑结构是指数据元素之间逻辑关系的整体。逻辑结构与数据的存储无关，它是独立于计算机的。数据的逻辑结构分为线性结构和非线性结构。

8．B。【解析】数据的存储结构可分为顺序存储结构和链式存储结构。把逻辑上相邻的结点存储在物理位置相邻的存储单元里，结点间的逻辑关系由存储单元的邻接关系来体现，由此得到的存储结构称为顺序存储结构。顺序存储结构存储密度大，存储空间利用率高，可以通过计算直接确定第 i 个结点的存储地址。

9．C。【解析】数据的运算是在数据上所施加的一系列操作，称为抽象运算。它只考虑这些操作的功能，而不考虑具体的操作步骤。只有在确定了存储结构后，才会具体实施这些操作，即抽象运算是以逻辑结构为基础的，具体的实现要在存储结构上来完成。数据的运算是数据结构的一个重要成分。研究任何一种数据结构都离不开对该结构上的数据运算及算法设计的讨论。

10．A。【解析】在队列的末尾插入一个元素(进队操作)只涉及队尾指针 rear 的变化，而要删除队列中的队头元素(出队操作)只涉及队头指针 front 的变化。

11．D。【解析】广义表是 n 个数据元素 $d_1, d_2, d_3, \cdots, d_n$ 的有限序列，广义表中的 di 则既可以是单个元素，还可以是一个广义表，通常记为：$GL = (d_1, d_2, d_3, \cdots, d_n)$。若其中 di 是一个广义表，则称 di 是广义表 GL 的子表。在广义表 GL 中，d_1 是广义表 GL 的表头，而广义表 GL 其余部分组成的表($d_2, d_3, \cdots, d_n$)称为广义表的表尾。由此可见广义表是递归定义的。广义表可以被其他广义表共享。广义表 D＝()为空表，其长度为零。

12．B。【解析】把二叉树转换为树和森林的方式是：若结点 x 是双亲 y 的左孩子，则把 x 的右孩子，右孩子的右孩子，$\cdots$，都与 y 用线连起来，最后去掉所有双亲到右孩子的连线。按此方法可得该二叉树对应的森林中第一棵树的根是结点 B。

13．A。【解析】在中序线索二叉树中，查找结点 *p 的中序后继结点分两种情形：① 若 *p 的右子树空(即 p—>rtag 为 Thread)，则 p—>rchild 为右线索，直接指向 *p 的中序后继；② 若 *p 的右子树非空(即 p—>rtag 为 Link)，则 *p 的中序后继必是其右子树中第一个中序遍历到的结点。也就是从 *p 的右孩子开始，沿该孩子的左链往下查找，直至找到一个没有左孩子的结点为止，该结点是 *p 的右子树中"最左下"的结点，即 *P 的中序后继结点。因此，结点 E 的右线索指向结点 A。

14．B。【解析】平衡二叉排序树(AVL 树)具有下列性质：每个结点左、右子树深度之差的绝对值不超过 1。由此可见 B 不满足 AVL 树的性质。

15．C。【解析】归并排序是一种稳定、高效的排序算法。归并排序法一般是用顺序存储结构实现的。使用顺序存储结构实现归并排序需要空间复杂度为 O(n)的辅助存储空间。

16．D。【解析】不同的操作系统所提供的系统调用命令的条数、调用格式一般不同。

17．B。【解析】操作系统可以执行某些特权指令，而用户就只能使用非特权指令，如果用户在执行应用程序过程中要使用非特权指令，则必须将 CPU 状态进行切换到管态，一般情况下用户都处于目态(较低特权级别)。要从目态到管态进行转换唯一的途径就是通过中断。Intel公司的x86系列处理器提供四个特权级别（R0、R1、R2和R3）。较大的数字表示较低的特权。R0运行那些最关键的代码，比如操作系统的内核代码。

18．C。**【解析】**一个标准的线程由线程ID，当前指令指针(PC)，寄存器集合和堆栈组成。另外，线程是进程中的一个实体，是被系统独立调度和分派的基本单位，线程自己不拥有系统资源，只拥有一点在运行中必不可少的资源，但它可与同属一个进程的其他线程共享进程所拥有的全部资源。一个线程可以创建和撤销另一个线程，同一进程中的多个线程之间可以并发执行。

19．C。**【解析】**在时间片轮转算法中，每个进程被分配一个时间段，称做它的时间片，即该进程允许运行的时间。如果在时间片结束时进程还在运行，则CPU将被剥夺并分配给另一个进程。时间片设得太短会导致过多的进程切换，降低了CPU效率。

20．A。**【解析】**在虚拟页式存储管理中，页表包含逻辑页面号、物理页面号、驻留位、保护位、修改位和访问位。其中驻留位指示该页在内存还是外存。

21．D。**【解析】**缺页中断就是要访问的页不在主存，需要操作系统将其调入主存后再进行访问。程序以列序为外层循环，行序为内层循环，由于数组中的每一行元素存放在一页中，因此每执行一次循环就会产生一次缺页中断，共 128×256 次。

22．D。**【解析】**题述三项均可提高文件系统的性能。

23．D。**【解析】**文件控制块是操作系统为管理文件而设置的数据结构，存放了为管理文件所需的所有有关信息。D项不属于文件控制块中的内容。

24．D。**【解析】**SPOOLing是一种典型的虚拟设备技术，操作系统通过引入通道，加快CPU的运行速度，为了提高设备的利用率，操作系统引用了缓冲技术，扫描算法可以提高寻道优化的时间。

25．D。**【解析】**关系数据模型的三要素为关系数据结构、关系操作和关系完整性约束。

26．A。**【解析】**网状模型属于逻辑数据模型。

27．C。**【解析】**逻辑独立性是指应用程序逻辑和数据存储逻辑彼此分开，存储逻辑的改变不影响应用，反之亦然。

28．C。**【解析】**关系中的某个属性或属性组合虽不是该关系的关键字或只是关键字的一部分，但却是另一个关系的关键字时，称该属性或属性组合为这个关系的外部关键字或外键。关系模型是使用公共属性(外键)实现数据之间联系的。

29．B。**【解析】**连接条件中的运算符为算术比较运算符，当此运算符取"＝"时，为等值连接。若等值连接中连接属性为相同属性(或属性组)，且在结果关系中去掉重复组，则此等值连接为自然连接。

30．B。**【解析】**语句中含有 2010－AGE，所以这是一个带表达式的视图。

31．D。**【解析】**删除关系C中的元组会影响到关系SC中的元组。

32．C。**【解析】**查询学生姓名及其所选修课程的课程号和成绩的语句应使用 SELECT S SNAME，SC. C♯，GRADE FOMS. SC WHERE S. S♯＝SC. S♯。

33．B。**【解析】**Select 语句表示选择，where 表示投影操作。

34．D。**【解析】**在使用 SQL 语句嵌入主语言时，必须区分 SQL 语句与主语言语句，数据库工作单元和程序工作单元之间的通信，协调 SQL 语句与主语言语句处理记录的不同方式。

35．A。**【解析】**关系 T 是由关系 R 和 S 经过交操作得到的。

36．A。**【解析】**数据独立性是数据库系统的一个重要的目标之一，它能使数据独立于应用程序。因此二者没有必然的联系。

37．C。**【解析】**union 指并操作。

38．D。**【解析】**授权(Authorization)是指对用户存取权限的规定和限制。数据库管理系统提供授权功能主要是为了实现数据库的安全性。

39．D。**【解析】**数据库是存放数据的仓库，是长期存放在计算机内的、有组织的、可共享的数据集合。

40．B。**【解析】**DBTG 系统是网状模型数据库系统。现有的网状数据库系统大都是采用 DBTG 方案的。

41．C。**【解析】**数据库系统的数据共享是指多种应用、多种语言、多个用户共享数据集合。

42．A。**【解析】**主存储器 Main memory，简称主存，是计算机硬件的一个重要部件，其作用是存放指令和数据，并能由中央处理器(CPU)直接随机存取。某些应用中，主存内存储重要而相对固定的程序和数据的部分采用"非易失性"存储器芯片(如 EPROM，快闪存储芯片等)构成；对于完全固定的程序，数据区域甚至采用只读存储器(ROM)芯片构成；高速缓存也属于非易失性存储器。

43.C。【解析】集中式数据库中单用户系统总代价＝I/O代价＋CPU代价，多用户系统总ｖ代价＝I/O代价＋CPU代价＋内存代价，集中式数据库中I/O代价是最主要的。

44.A。【解析】故障恢复机制确保单个事务的一致性，并发控制机制确保多个事务的一致性

45.A。【解析】多个事务的并发执行是正确的，当且仅当其结果与按某一次序串行地执行它们时的结果相同。这种调度策略为可串行化的调度。A选项正确。

46.C。【解析】Ⅱ、Ⅲ、Ⅳ都属于数据库发展的第三阶段。

47.A。【解析】Master数据库记录SQL Server系统的所有系统级别信息。它记录所有的登录账户和系统配置设置。

48.A。【解析】每一个表空间由同一磁盘上的一个或多个数据文件组成。

49.D。【解析】Oracle中的抽象数据类型可以嵌套使用。

50.C。【解析】规范化理论是将一个不合理的关系模式如何转化为合理的关系模式的理论，规范化理论是围绕范式而建立的。规范化理论认为，一个关系型数据库中所有的关系，都应满足一定的规范。规范化目的是使结构更合理，消除插入、修改、删除异常，使数据冗余尽量小，便于插入、删除和更新。一个关系模式经过分解可以得到不同关系模式集合，也就是说分解方法不是唯一的。最小冗余的要求必须以分解后的数据库能够表达原来数据库所有信息为前提来实现。其根本目标是节省存储空间，避免数据不一致性，提高对关系的操作效率，同时满足应用需求。实际上，并不一定要求全部模式都达到BCNF不可。有时故意保留部分冗余可能更方便数据查询。尤其对于那些更新频度不高，查询频度极高的数据库系统更是如此。第Ⅳ项错误，其余选项均正确。

51.A。【解析】关系模式设计不当所引起的问题有数据冗余、插入异常、删除异常。

52.C。【解析】C项为部分函数依赖的正确表述。

53.A。【解析】A项为平凡的多值依赖的正确表述。

54.C。【解析】第二范式(2NF)要求数据库表中的每个实例或行必须可以被唯一地区分，要求实体的属性完全依赖于主关键字。第三范式(3NF)要求一个数据库表中不包含在其他表中已包含的非主关键字信息。简而言之，第三范式的属性不依赖于其他非主属性。BCNF范式消除主属性之间的传递依赖。4NF消除多值依赖，即键外无依赖。C选项符合题意。

55.D。【解析】概念模型是对真实世界中问题域内的事物的描述，不是对软件设计的描述。概念模型不需考虑实现问题。

56.B。【解析】若将三个实体之间的多元联系转换一个关系模型，则该关系模型的码为三个实体的码的组合。

57.C。【解析】Web系统一般由四个要素构成：Web服务器，服务器组件，数据库服务器和浏览器。其中Web服务器是Web环境中的主角，它正成为一种独立的应用系统开发及运行环境，把复杂的应用程度转到Web服务器上，使面向用户复杂性从客户端转到了Web服务器端。其余构成浏览器/应用服务器/数据库服务器多层结构(B/S)。C选项过于片面。

58.B。【解析】PowerDesigner可以设计两种数据库模型图：数据库逻辑图(即E-R图或概念模型)和数据库物理图(物理模型)，并且这两种数据图是互逆的。

59.D。【解析】略。

60.A。【解析】关联分析是指如果两个或多个事物之间存在一定的关联，那么其中一个事物就能通过其他事物进行预测。它的目的是为了挖掘隐藏在数据间的相互关系，是数据挖掘的基本技术。

二、填空题

1.TCP/IP。【解析】要保证Internet能够正常工作，必须要求所有连入Internet的计算机都遵从TCP/IP。其中IP由网络层定义，传输控制协议(TCP)由传输层定义。

2.明文。【解析】将文字转换成不能直接阅读的形式(即密文)的过程称为加密。将密文转换成能够直接阅读的文字(即明文)的过程称为解密。

3.A,F。【解析】首先，A进栈，B进栈，栈顶指针指向B，B出栈，栈顶指针指向A，C、D、E依次进栈，栈顶指针指向E，E、D、C依次出栈，F进栈，所以栈底由下到上依次为A,F。

4.i-1。【解析】按行优先顺序存储的二维数组Amn地址计算公式为：$LOC(a_{ij})=LOC(a_{11})+[(i-1)\times n+j-1]\times d$。其中：①$LOC(a11)$是开始结点的存放地址(即基地址)；②d为每个元素所占的存储单元数；③由地址计算公式可知，数组中任一元素可通过地址公式在相同时间内存取。即顺序存储的数组是随机存取结构。

按列优先顺序存储的二维数组Amn地址计算公式为：$LOC(a_{ij})=LOC(a11)+[(j-1)\times m+i-1]\times d$。

5. 完全二叉。【解析】n 个关键字序列 $K_1, K_2, \cdots, K_n$ 称为堆，当且仅当该序列满足如下性质(简称为堆性质)：

$K_i \leqslant K_{2i}$ 且 $K_i \leqslant K_{2i+1}$，或 $K_i \geqslant K_{2i}$ 且 $K_i \geqslant K_{2i+1}(1 \leqslant i)$

若将此序列所存储的向量 R[1..n] 看做是一棵完全二叉树的存储结构，则堆实质上是满足如下性质的完全二叉树：树中任一非叶结点的关键字均不大于(或不小于)其左右孩子(若存在)结点的关键字。

6. 实时系统。【解析】实时操作系统(RealTimeOperatingSystem, RTOS)是指使计算机能及时响应外部事件的请求在规定的时间内严格完成对该事件的处理，并控制所有实时设备和实时任务协调一致地工作的操作系统。实时操作系统要追求的目标是：对外部请求在严格时间范围内做出反应，有高可靠性和完整性。其主要特点是资源的分配和调度首先要考虑实时性然后才是效率。此外，实时操作系统应有较强的容错能力。

7. BLOCK。【解析】进程的阻塞原语 BLOCK 主要完成进程从执行状态到阻塞的转换。

阻塞原语只能是进程自己阻塞自己，因为只有进程自身才能知道什么时候需要等待某种事件的发生。

8. 快表。【解析】利用高速缓冲存储器存放页表的一部分，把存放在高速存储器中的部分页表称为"快表"。快表中登记了页表中的一部分页号与主存块号的对应关系。根据程序执行局部性的特点，在一段时间内总是经常访问某些页，若把这些页登记在快表中，则可快速查找并提高执行速度。

9. WITH GRANT OPTION。【解析】GRANT 命令将某对象(资料表，视图，序列，函数，过程语言，模式或资料表空间)上的特定权限给予一个用户、多个用户或者一组用户。如果声明了 WITH GRANT OPTION，那么权限的受予者也可以赋予别人。没有这个选项，接受权限的用户不能给别人授权。

10. 内模式。【解析】数据库的三级模式结构为外模式、模式和内模式。模式(Schema)也称逻辑模式，是数据库中全体数据的逻辑结构和特征的描述，是所有用户的公共数据视图。外模式(External Schema)也称子模式(Subschema)或用户模式，是数据库用户(包括应用程序员和最终用户)能够看见和使用的局部数据的逻辑结构和特征的描述，是数据库用户的数据视图，是与某一应用有关的数据的逻辑表示。内模式(Internal Schema)也称存储模式(Storage Schema)，它是数据物理结构和存储方式的描述，是数据在数据库内部的表示方式。

11. CASCADE。【解析】CASCADE 表示该模式的删除没有限制条件。在删除模式的同时相关的依赖对象都将一起被删除。

12. 笛卡儿积。【解析】关系代数的五种基本操作为并、差、笛卡儿积、投影和选择。

13. 事务管理器。【解析】数据库管理系统的主要成分包括存储管理器、查询处理器和事务管理器。存储管理器负责存储数据、元数据(关于数据的模式或结构的信息)、索引(加速对数据的存取的数据结构)和日志(数据库变化的记录)，这些数据保存在磁盘上。查询处理器对查询进行分析，通过选定一个查询计划来对查询进行优化，并且在存储的数据上执行查询计划。

14. 分槽。【解析】数据库中为了将大小不同的记录组织在同一个磁盘块中，常采用分槽的页结构。结构的块头中包括块中记录的数目、块中空闲的末尾指针、由包含记录位置和大小的条目组成的数组。

15. Oracle Discoverer。【解析】在 Oracle 中，支持数据仓库应用的工具是 Oracle Discoverer。Oracle Discoverer 即席查询工具是专门为最终用户设计的，分为最终用户版和管理员版。

16. 字符。【解析】SQL 类型 CLOB 在 Java 编程语言中的映射关系。SQL CLOB 是内置类型，它将字符大对象(Character Large Object)存储为数据表某一行中的一个列值。

17. (A,C)。【解析】由函数依赖集求码有以下方法：①如果有属性不在函数依赖集中出现，那么它必须包含在候选码中；②如果有属性不在函数依赖集中任何函数依赖的右边出现，那么它必须包含在候选码中；③如果有属性只在函数依赖集的左边出现，则该属性一定包含在候选码中；④如果有属性或属性组能唯一标识元组，则它就是候选码。

18. 保持函数依赖。【解析】规范化过程中将一个关系模式分解为若干个关系模式，应该保证分解后产生的模式与原来的模式等价。常用的等价标准有要求分解是具有无损连接性的和要求分解是保持函数依赖的两种。

19. 片段。【解析】数据分片将数据库整体逻辑结构分解为合适的逻辑单位即片段，然后由分配模式来定义片段及其副本在各场地的物理分布。

20. Web 挖掘。【解析】Web 挖掘是数据挖掘在 Web 上的应用，它利用数据挖掘技术从与 WWW 相关的资源和行为中抽取感兴趣的、有用的模式和隐含信息，涉及 Web 技术、数据挖掘、计算机语言学、信息学等多个领域，是一项综合技术。

 **第7套　笔试考试试题答案与解析**

一、选择题

1. D。【解析】冯·诺依曼提出了"存储程序"的思想,大大提高了计算机的速度。"存储程序"思想可以简化概括为三点:①计算机应用包括运算器、控制器、存储器、输入/输出设备;②计算机内部应采用二进制来表示指令和数据;③将编好的程序和数据送进内存储器,然后计算机自动地逐条取出指令和数据进行分析、处理和执行。

2. B。【解析】指令中给出的地址码即为操作数的有效地址,就是直接寻址方式。

3. A。【解析】FTP是 File Transfer Protocol(文件传输协议)的英文简称,而中文简称为"文传协议"。用于 Internet 上的控制文件的双向传输。

4. D。【解析】HTTP(Hypertext Transfer Protocol,超文本传输协议)是用于从 WWW 服务器传输超文本到本地浏览器的传送协议。它可以使浏览器更加高效,使网络传输减少。

5. C。【解析】物理隔离是使不同安全要求的进程使用不同的物理实体。逻辑隔离是限制程序的存取,使不同操作系统不能存取允许范围以外的实体。时间隔离是使不同的进程在不同的时间运行。密码隔离是进程以其他进程不了解的方式隔离数据和计算。

6. B。【解析】拒绝服务攻击即攻击者想办法让目标机器停止提供服务或资源访问。这些资源包括磁盘空间、内存、进程甚至网络带宽,从而阻止正常用户的访问。

7. B。【解析】一个数据结构是由数据元素依据某种逻辑联系组织起来的。对数据元素间逻辑关系的描述称为数据的逻辑结构;数据必须在计算机内存储,数据的存储结构是数据结构的实现形式,是其在计算机内的表示;此外讨论一个数据结构必须同时讨论在该类数据上执行的运算才有意义。

8. D。【解析】数据元素(Data Element)是数据的基本单位。在不同的条件下,数据元素又可称为元素、结点、顶点、记录等。一个数据元素可由若干个数据项(Data Item)组成。

9. D。【解析】一个算法的评价主要从时间复杂度和空间复杂度来考虑。

10. A。【解析】栈和队列的存储方式,既可以是顺序方式,又可以是链式方式。栈和队列可以为空。栈能应用于递归过程实现。

11. C。【解析】按先根次序周游树正好等同于按前序法周游对应的二叉树,按后根次序周游树等于按对称序法周游对应的二叉树。

12. A。【解析】二叉排序树(Binary Sort Tree)又称二叉查找树。它或者是一棵空树;或者是具有下列性质的二叉树:①若左子树不空,则左子树上所有结点的值均小于它的根结点的值;②若右子树不空,则右子树上所有结点的值均大于它的根结点的值;③左、右子树也分别为二叉排序树。

13. C。【解析】得到的扩充二叉树如下

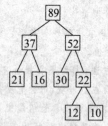

14. B。【解析】线性探查法(Linear Probing)的基本思想是:

将散列表 T[0..m−1]看成是一个循环向量,若初始探查的地址为 d(即 h(key)＝d),则最长的探查序列为 d,d＋1,d＋2,…,m−1,0,1,…,d−1。即探查时从地址 d 开始,首先探查 T[d],然后依次探查 T[d＋1],…,直到 T[m−1],此后又循环到 T[0],T[1],…,直到探查到 T[d−1]为止。

探查过程终止于三种情况:

①若当前探查的单元为空,则表示查找失败(若是插入则将 key 写入其中);②若当前探查的单元中含有 key,则查找成功,但对于插入意味着失败;③若探查到 T[d−1]时仍未发现空单元也未找到 key,则无论是查找还是插入均意味着失败(此时表满)。

15. C。【解析】一棵 m 阶的 B—树满足下列条件：①树中每个结点至多有 m 个孩子；②除根结点和叶子结点外，其他每个结点至少有 m/2 个孩子；③若根结点不是叶子结点，则至少有 2 个孩子；④所有叶子结点都出现在同一层，叶子结点不包含任何关键字信息；⑤有 k 个孩子的非终端结点恰好包含有 k—1 个关键字。

16. B。【解析】常见的特权指令有以下几种，①有关对 I/O 设备使用的指令，如启动 I/O 设备指令、测试 I/O 设备工作状态和控制 I/O 设备动作的指令等；②有关访问程序状态的指令，如对程序状态字（PSW）的指令等；③存取特殊寄存器指令，如存取中断寄存器、时钟寄存器等指令；④其他指令。

17. C。【解析】进程在执行过程中不同时刻的基本状态是运行状态、就绪状态和等待状态。一个已经具备运行条件，但由于没有获得 CPU 而不能运行的进程处于就绪状态。

18. C。【解析】时间片轮转算法的基本思想是，系统将所有的就绪进程按先来先服务算法的原则，排成一个队列，每次调度时，系统把处理机分配给队列首进程，并让其执行一个时间片。当执行的时间片用完时，由一个计时器发出时钟中断请求，调度程序根据这个请求停止该进程的运行，将它送到就绪队列的末尾，再把处理机分给就绪队列中新的队首进程，同时让它也执行一个时间片。

19. B。【解析】三个进程要想不死锁 每个进程都需要四个同类资源，所以只要每个进程都有三个资源，另外一个再给一个额外的资源，那么三个进程中有一个可以运行。运行完以后释放资源，然后其余的进程继续申请资源就可以了。

20. B。【解析】在页式存储管理中，为进行地址转换工作，系统提供一对硬件寄存器——页表始址寄存器和页表长度寄存器。

21. A。【解析】影响缺页中断的因素有：①分配给作业的主存块数，每个作业只要能得到一块主存空间就可以开始执行，可增加同时执行的作业数，设作业有 n 页，当能分到 n/2 块主存空间时才把它装入主存执行，则可使系统获得最高效率；②页面的大小页面大，缺页中断率就低，反之，缺页中断率就高；③程序编制方法；④页面调度算法。

22. B。【解析】为了提高文件检索速度，文件系统向用户提供了一个当前正在使用的目录，称为当前目录。

23. C。【解析】最短寻道时间优先（SSTF）算法选择这样的进程：要求访问的磁道与当前磁头所在的磁道距离最近，以使每次的寻道时间最短。

24. D。【解析】操作系统对设备尽量提供各种相同的接口，以便与之兼容。

25. A。【解析】数据库管理员负责监控数据库系统的运行情况，及时处理运行过程中出现的问题。

26. B。【解析】逻辑独立性是指用户的应用程序与数据库管理系统的逻辑结构是相互独立的，数据的逻辑结构改变了，用户程序也可以不变。

27. B。【解析】层次、网状和关系模型是数据模型。

28. D。【解析】在数据库技术中，对数据库进行备份，这主要是为了维护数据库的可靠性。

29. C。【解析】自然连接（Natural Join）是一种特殊的等值连接，它要求两个关系中进行比较的分量必须是相同的属性组，并且在结果中把重复的属性列去掉。而等值连接并不去掉重复的属性列。

30. A。【解析】distinct 关键字用来过滤掉多余的重复记录，只保留一条。

31. B。【解析】ALTER SCHEMA，ALTER VIEW 和 ALTER INDEX 是错误的。

32. D。【解析】不可以任意删除每个关系中的元组。

33. D。【解析】完成题目要求的查询时题干中三个表都要用到。

34. B。【解析】笛卡儿积（X）是指包含两个集合中任意取出两个元素构成的组合的集合。假设 R 中有元组 M 个，S 中有元组 N 个，则 R 和 S 的笛卡儿积中包含的元组数量就是 M×N。

35. D。【解析】笛卡儿积（X）是指包含两个集合中任意取出两个元素构成的组合的集合，对两集合没有特殊要求。

36. B。【解析】DELETE 用于删除基本表的元组。

37. D。【解析】以上说法均正确。

38. A。【解析】关系 T 是满足关系 R 中属性 C 的值小于关系 S 中属性 E 的值的集合。

39. A。【解析】一般地，行列子集视图是可更新的。目前各个关系数据库系统一般都只允许对行列子集视图进行更新，而且各个系统对视图的更新还有更进一步的规定，由于各系统实现方法上的差异，这些规定也不尽相同。

40. D。【解析】上述内容均符合题意。

41. D。【解析】关系代数中，五种基本运算是并，差，笛卡儿积，投影，选择。

42. A。【解析】数据字典中存储的是 DDL 的信息。

43.B。【解析】I 是存储管理器的功能,III 是查询处理器的功能。

44.B。【解析】语法分析树转化为逻辑查询计划,然后转化为物理查询计划。

45.C。【解析】事务由于某些内部条件而无法继续正常执行,如非法输入、找不到数据等,这样的故障属于事务故障。

46.A。【解析】SQL Server 是一个关系数据库管理系统。

47.B。【解析】SQL Server 2000 的服务器端组件:①SQL Server;②SQL Server Agent;③MS DTC(分布式事物协调器);④Microsoft Search。

48.C。【解析】g 代表 Grid,即"网格"。

49.C。【解析】服务器权限只可授予数据库管理员。

50.A。【解析】关系数据库的规范化理论讨论的是数据库的逻辑结构设计问题。

51.C。【解析】"Armstrong 公理"为设 U 是关系模式 R 的属性集,F 是 R 上成立的只涉及 U 中属性的函数依赖集。函数依赖的推理规则有以下三条。

自反律:若属性集 Y 包含于属性集 X,属性集 X 包含于 U,则 X→Y 在 R 上成立(此处 X→Y 是平凡函数依赖)。

增广律:若 X→Y 在 R 上成立,且属性集 Z 包含于属性集 U,则 XZ→YZ 在 R 上成立。

传递律:若 X→Y 和 Y→Z 在 R 上成立,则 X→Z 在 R 上成立。

52.C。【解析】多值依赖的数学定义:设 R(U) 是属性集 U 上的一个关系模式。X,Y,Z 是的 U 的子集,并且 Z=U−X−Y。关系模式 R(U) 中多值依赖 X→→Y 成立,当且仅当对 R(U) 的任一关系 r,给定的一对(x,z)值有一组 Y 的值,这组值仅仅决定于 x 值而与 z 值无关。

多值依赖的主要性质如下:①多值依赖具有对称性,即 X→→Y,则 X→→Z,其中 Z=U−X−Y;②多值依赖的传递性,即若 X→→Y,Y→→Z,则 X→→Z−Y;③函数依赖可以看做是多值依赖的特殊情况,即若 X→Y,则 X→→Y,这是因为当 X→Y 时,对 X 的每一个值 x,Y 有一个确定的值 y 与之对应,所以 X→→Y;④若 X→→Y,X→→Z,则 X→→YZ;⑤若 X→→Y,X→→Z,则 X→→Y∩Z;⑥若 X→→Y,X→→Z,则 X→→Y−Z,X→→Z−Y。

53.B。【解析】外码既可以是单个属性,也可以是属性组。其余三项均错误。

54.D。【解析】若关系模式 R∈1NF,如果对于 R 的每个非平凡多值依赖 X→→Y(Y\? X),X 都含有码,则称 R∈4NF。

4NF 就是限制关系模式的属性之间不允许有非平凡且非函数依赖的多值依赖。因为根据定义,对于每一个非平凡的多值依赖 X→→Y,X 都含有候选码,于是就有 X→Y,所以 4NF 所允许的非平凡的多值依赖实际上是函数依赖。

55.B。【解析】若关系中的某一属性组的值能唯一地标识一个元组,则称该属性组为候选码。候选码又称为候选键或候选关键字。在一个关系上可以有多个候选码。

56.B。【解析】存在传递依赖,但不存在部分依赖,因此关系模式 R 的规范化程度最高达到 2NF。

57.B。【解析】B 项所述不符合信息系统层次划分的定义。

58.D。【解析】用户可以对定义拼写规则的原始 XML 文件进行修改,以重新制订规则。

59.B。【解析】分布式数据库系统的透明性:①位置透明性,是指用户和应用程序不必知道它所使用的数据在什么场地;②复制透明性,在分布式系统中,为了提高系统的性能和实用性,有些数据并不只存放在一个场地,很可能同时重复地存放在不同的场地。

60.B。【解析】对象标识符:在面向对象数据库中对象由对象标识符唯一标识。

二、填空题

1.局域网。【解析】按覆盖的地理范围划分,可将计算机网络分为局域网、城域网和广域网。

2.加密。【解析】加密的办法就是使用数学方法来重新组织数据和信息,使除合法接收者外,其他任何人要想看懂变化后的数据或信息都是非常困难的。

3.304。【解析】按列优先顺序存储的二维数组 Amn 地址计算公式为 $LOC(a_{ij})=LOC(a11)+[(j−1)×m+i−1]×d=100+[(5−1)×12+4−1]×4=304$。

4.p−>link=q。【解析】在链表的中间位置插入结点,需要把新结点的 newnode−>next 指针指向插入位置的下一个结点,然后将插入位置的前一个结点的 a−>next 指针指向新结点。

5.9。【解析】快速排序(Quicksort)是对冒泡排序的一种改进。它的基本思想是:通过一趟排序将要排序的数据分割成独立的两部分,其中一部分的所有数据比另外一部分的所有数据都要小,然后再按此方法对这两部分数据分别进行快速排序,整个排序过程可以递归进行,从而使整个数据变成有序序列。

6.R0。【解析】x86 中分为 0,1,2,3 四个特权环,数值最小的特权级最高,随着数值增加特权级降低。

7.死锁。【解析】一组进程处于死锁状态是指:该组中每一个进程都在等待被另一个进程所占有的、且不能抢占的资源,而不可继续运行。但是系统中不属于该组的进程仍然可以运行。

8.文件控制块。【解析】文件控制块是操作系统为管理文件而设置的数据结构,存放了为管理文件所需的所有有关信息(文件属性)。

9.操作系统。【解析】数据库管理系统是在操作系统支持下的一个复杂的和功能强大的原系统软件。

10.索引。【解析】为了加快对表访问的速度以及提供多种存取路径,在表上还可创建一到多个索引。

11.WITH GRANT OPTION。【解析】在 SQL 中,若允许用户将已获得的某种权限再转授予其他用户,可以在 GRANT 语句中指定子句 WITH GRANT OPTION。

12.对象关系。【解析】对象关系数据模型结合了面向对象数据模型和关系数据模型的特征。

13.RAM。【解析】易失性存储器一旦断电,信息就会消失。RAM 称为随机存储器,上面的信息既可读出也可写入,但一断电 RAM 上存放的信息就丢失。

14.散列索引。【解析】能有效支持点查询,但不能支持范围查询的是散列索引。顺序索引既能有效支持点查询,又能支持范围查询。

15.面向主题的。【解析】数据仓库是一个面向主题的、集成的、相对稳定的、反映历史变化的数据集合,用于支持管理决策。

16.Webserver。【解析】Oracle 针对 Internet/Intranet 的产品是 Oracle Webserver。

17.平凡。【解析】设 U 为所有属性,X、Y、Z 为属性集,Z＝U－X－Y,若 X→→Y,且 Z＝?,则称 X→→Y 为平凡的多值依赖。

18.BCNF。【解析】在关系数据库规范化理论研究中,在函数依赖的范围内,达到最高规范化程度的是 BCNF。

19.连接操作。【解析】采用半联接操作,在网络中只传输参与联接的数据。

20.Web? 数据挖掘。【解析】解决文本检索二义性问题的一种方法是使用在线 Web? 数据挖掘,另一种方法是比较两个词出现的语境。

 第8套　笔试考试试题答案与解析

1.C。【解析】现在使用的计算机,其基本工作原理是存储程序和程序控制,它是由冯·诺依曼提出的。

2.B。【解析】DMA 指 Direct Memory Access(存储器直接访问)。这是指一种高速的数据传输操作,允许在外部设备和存储器之间直接读写数据,既不通过 CPU,也不需要 CPU 干预。整个数据传输操作在一个称为"DMA 控制器"的控制下进行。CPU 除了在数据传输开始和结束时做一点处理外,在传输过程中 CPU 可以进行其他的工作。

3.C。【解析】局域网的数据传输速率最高。

4.B。【解析】POP3 协议允许用户从服务器上把邮件存储到本地主机(即自己的计算机)上,同时根据客户端的操作删除或保存在邮件服务器上的邮件。

5.D。【解析】防火墙的目的就是在网络连接之间建立一个安全控制点,通过允许、拒绝或重新定向经过防火墙的数据流,实现对进、出内部网络的服务和访问的审计和控制。

6.A。【解析】云计算旨在通过网络把多个成本相对较低的计算实体整合成一个具有强大计算能力的完美系统,并借助 SaaS、PaaS、IaaS、MSP 等先进的商业模式把这强大的计算能力分布到终端用户手中。

7.C。【解析】每个数据元素可以包含一个数据项,也可以包含若干个数据项。

8.D。【解析】数据运算的具体实现是在数据的存储结构上进行的。

9.D。【解析】双链表的插入操作:

```
void DInsertBefore(DListNode * p,DataType x)
{//在带头结点的双链表中,将值为 x 的新结点插入 * p 之前,设 p≠NULL
    DListNode * s=malloc(sizeof(DListNode));//①
    s->data=x;//②
    s->prior=p->prior;//③
```

```
    s－＞next＝p;//④
    p－＞prior－＞next＝s;//⑤
    p－＞prior＝s;//⑥
}
```

10. B。【解析】二叉树可以是空集。二叉树并非是树的特殊情形,他们是两种不同的数据结构。

11. B。【解析】按列优先顺序存储的二维数组 Amn 地址计算公式为 $LOC(a_{ij})＝LOC(a_{11})＋[(j－1)×m＋i－1]×d$。

12. B。【解析】栈的修改是按后进先出的原则进行的。每次删除(退栈)的总是当前栈中"最新"的元素,即最后插入(进栈)的元素,而最先插入的被放在栈的底部,要到最后才能删除。

13. C。【解析】除余法是散列函数的构造方法。

14. C。【解析】从答案看,都是小根堆关键码序列,根据小根堆的定义,

$K[i]<＝ K[2i]$

$K[i]<＝ K[2i+1]$

用完全二叉树表示很直观,也就是要能组成这样一个完全二叉树:所有的父结点的值都应该小于左右孩子结点的值。答案 C 中关键码序列用完全二叉树表示就很容易看出,在 d 结点值 d 大于左子结点值 c,这不符合小根堆定义,同样在 r 结点值 r 大于了左子结点值 m 和右子结点值 n。而其他答案都符合小根堆定义。

15. A。【解析】不管原数组是什么样子,每一次都要遍历一遍剩余的数来选取最大(最小)值。

16. A。【解析】时钟中断不可以屏蔽。

17. C。【解析】进程间状态转换如下:

就绪－＞运行 调度;

运行－＞就绪 时间片到;

运行－＞等待 等待某个事件发生而睡眠;

等待－＞就绪 因等待事情发生而唤醒。

18. A。【解析】最高优先级算法是指把处理机分配给优先级最高的进程。由于 CPU 不可抢占,所以每个任务主动放弃 CPU 的使用权,其间不能被高优先级任务抢占。

19. B。【解析】银行家算法是一种最有代表性的避免死锁的算法。

20. B。【解析】根据题意,该分区的下邻分区在空闲表中,即下邻分区是空闲的。

21. D。【解析】引入虚拟存储器主要是为了解决内存空间不足的问题。

22. D。【解析】文件存取方法密切地依赖于文件的物理结构和文件存储设备的特性。

23. C。【解析】把若干个逻辑记录合并成一组存入一块的记录称为记录的成组。

从一组中把一个逻辑记录分离出来的工作称为记录的分解。

信息交换以块为单位,用户处理信息要以逻辑记录为单位,所以当逻辑记录成组后,要处理记录时必须执行分解操作,记录的分解也要使用主存储器的缓冲区。

成组与分解操作提高存储空间的利用率,减少存储设备的启动次数。故本题答案为20/4＝5。

24. A。【解析】SPOOLing,即外围设备联机并行操作,它除了是一种速度匹配技术外、也是一种虚拟设备技术。用一类物理设备模拟另一类物理设备,使各作业在执行期间只使用虚拟的设备,而不直接使用物理的独占设备。这种技术可使独占的设备变成可共享的设备,使得设备的利用率和系统效率都能得到提高。

25. D。【解析】内模式又称存储模式,对应于物理级,它是数据库中全体数据的内部表示或底层描述,是数据库最低一级的逻辑描述,它描述了数据在存储介质上的存储方式的物理结构,对应着实际存储在外存介质上的数据库。

26. B。【解析】$R∩S＝R－(R－S)$。

27. D。【解析】θ连接运算是从两个关系的笛卡儿积中选择属性间满足一定条件的元组。

28. A。【解析】模式/内模式映像存在于概念级和内部级之间,用于定义概念模式和内模式之间的对应性。数据库中只有一个模式,也只有一个内模式,所以模式/内模式映像是唯一的。

29. C。【解析】数据库是一组数据的集合。

30. B。【解析】ALTER TABLE 。

通过更改、添加或删除列和约束,重新分配分区,启用或禁用约束和触发器,从而修改表的定义,实现了数据操纵功能。

31．C。【解析】WHERE 字句用于对投影操作进行说明。

32．D。【解析】SQL 外连接返回到查询结果集合中的不仅包含符合连接条件的行，而且还包括左表（左外连接时）、右表（右外连接时）或两个边接表（全外连接）中的所有数据行。

33．A。【解析】CLUSTER 建立的是聚簇索引，默认的顺序是升序。

34．B。【解析】两个集合{X}和{Y}的笛卡儿积，又称直积，表示为{X}×{Y}，是其第一个对象是{X}的成员而第二个对象是{Y}的一个成员的所有可能的有序对。

35．B。【解析】继承性使面向对象的系统具有较好的可扩充性和灵活性。

36．C。【解析】视图是一个虚拟表，其内容由查询定义。同真实的表一样，视图包含一系列带有名称的列和行数据。但是，视图并不在数据库中以存储的数据值集形式存在。行和列数据用于自由定义视图的查询所引用的表，并且在引用视图时动态生成。对其中所引用的基础表来说，视图的作用类似于筛选。定义视图的筛选可以来自当前或其他数据库的一个或多个表，或者其他视图。

37．C。【解析】数据冗余会导致：①数据不一致；②增大表所占的空间，造成不必要的硬盘浪费；③查询效率低下。

38．A。【解析】SC 中外键不能为空。

39．D。【解析】唯一索引的选择必须是建立在候选键的基础上的。

40．C。【解析】不需要 ORDER BY 语句进行排序操作。

41．C。【解析】I 和 III 分别是关系代数和 SQL 语句的表达形式。

42．B。【解析】数据字典又称系统目录。

43．D。【解析】只有 III 和 IV 属于非易失性存储器。

44．D。【解析】分槽的页结构删除一条记录会引起记录的移动以保持上面的特性，但由于块大小限制，代价不会很高。

45．C。【解析】在把缓冲区中的数据写入外存的过程中要遵循先写日志的原则。

46．D。【解析】Pubs 示例数据库以一个图书出版公司为模型，用于演示 Microsoft SQL Server 数据库中可用的许多选项。

47．D。【解析】上述选项均是 sql server 2000 中的常用对象。

48．C。【解析】Oracle Express Analyzer 位于客户端。

49．D。【解析】抽象数据类型不包括方法。

50．C。【解析】更新异常也称修改异常，由于数据的重复存储，会给更新带来很多麻烦。可能会导致数据不一致，这将直接影响系统的质量。

51．D。【解析】数据依赖不只有两种类型，题中所属是其中两种主要类型。

52．A。【解析】A 是非平凡的函数依赖的定义。

53．C。【解析】根据多值依赖的对称性可知 C 正确。

54．D。【解析】由题意知，只要出现在右属性的一定不是主属性，因此 S 是主属性。

55．A。【解析】关系模式 R 的候选码为(S,C)和(S,T)，根据规范化程度定义可知最多可达 1NF。

56．A。【解析】根据模式分解的定义可知，I，II 正确。关系模式的一个分解可能是保持函数依赖的，可能是具有无损连接性的，也可能是既具有无损连接性又保持函数依赖的。故 V 正确。

57．C。【解析】由 B/S 结构的特性可知，C 错误。

58．B。【解析】PowerDesigner 是 Sybase 公司的 CASE 工具集，使用它可以方便地对管理信息系统进行分析设计，它几乎包括了数据库模型设计的全过程。

59．B。【解析】有关数据分片和副本的信息存储在局部目录中。

60．D。【解析】维属性和度量属性都反映了数据仓库的信息。

二、填空题

1．32。【解析】在 IPv4 中，一个 IP 地址的长度是 32 位的二进制数。

2．认证。【解析】用于解决网络中信息的源结点用户与目的结点用户身份的真实性。

3．稀疏。【解析】稀疏矩阵可用三元组和十字链表表示。

4．n+1。【解析】n 个结点的树一共有 2n 个指针域，而树中只有 n−1 条边，故树中的空指针数目为 2n−(n−1)＝n(2−1)+1＝n+1

5. n/2。【解析】每个非叶结点有 n/2 到 n 个孩子,n 对特定的树是固定的。

6. 外存。【解析】计算机系统中的存储体系由高速缓存、内存和外存构成。

7. 消息机制。【解析】进程间高级通信机制可分为三大类:共享内存、消息机制和管道通信。

8. OPT。【解析】最佳淘汰算法 OPT 是一个理想的但是不可能实现的页面淘汰算法。

9. 数据库应用系统。【解析】数据库应用系统是在数据库管理系统(DBMS)支持下建立的计算机应用系统,简写为 DBAS。数据库应用系统是由数据库系统、应用程序系统和用户组成的,具体包括:数据库、数据库管理系统、数据库管理员、硬件平台、软件平台、应用软件、应用界面。

10. 行列子集。【解析】若视图是从一个表经选择、投影而导出的,并在视图中包含了表的主键字或某个候选键,这类视图称为"行列子集视图"。

11. 关系完整性规则。【解析】关系模型由三个组成部分:数据结构、数据操作和完整性规则。

12. SQL。【解析】在主语言中使用嵌入式 SQL 时,为了能够区分主语言语句与嵌入式 SQL 语句,其方法是:①在嵌入的 SQL 语句前加前缀 EXEC SQL;②结束标志来区分;③既加前缀,又加结束标记;④把 SQL 作为它的语言的一部分,在使用上同交互式 SQL 没有区别。

13. 索引。【解析】支持对于所要求的数据进行快速定位的附加的数据结构称为索引。

14. 共享。【解析】事务通过 LOCK－S(Q)指令来申请数据项 Q 的共享锁,通过 LOCK－X(Q)指令来申请排他锁;通过 UNLOCK (Q)来释放数据项 Q 的锁。

15. Transact－SQL。【解析】Microsoft SQL Server 2000 使用 Transact－SQL 语言。

16. 字符。【解析】CLOB 表示字符大对象,能够存放大量基于字符的数据。

17. XZ→YZ。【解析】增广律:若 X→Y 为 F 所蕴含,且 Z⊆U,则 XZ→YZ 为 F 所蕴含。

18. 逻辑。【解析】在数据库逻辑结构设计中,将 E-R 模型转换为关系模型。

19. 继承。【解析】在对象数据库设计与关系数据库设计之间,最主要的区别是如何处理联系和继承。

20. 知识。【解析】数据挖掘是一个从原始数据到信息再到知识的发展过程。

第5章 上机考试试题答案与解析

 第1套 上机考试试题答案与解析

```
void findData()
{
 int i,j,temp,flag;
 count=0;
 for(i=5;i<MAX;i++)
 /*选出是奇数且连续大于其前5项的数*/
 if(inBuf[i]%2!=0&&inBuf[i]%7==0)
 /*如果当前数是奇数且能被7整除*/
 {
  flag=0;
  for(j=1;j<=5;j++)
  if(inBuf[i]<inBuf[i-j])flag=1;
  /*如果该数比其前5个数中的一个小,则将标志置1,以示不满足要求*/
  if(flag==0)
  {
   outBuf[count]=inBuf[i];
   /*将满足要求的数存入outBuf中*/
   count++;  /*将计数器加1*/
  }
 }
 for(i=0;i<count-1;i++)
 /*以下是对数据进行从小到大的排序*/
 for(j=i+1;j<count;j++)
 if(outBuf[i]>outBuf[j])
 /*如果第i位比它后面的数大*/
 {
  /*则将两者进行交换,也即将更小的数放到第i位*/
  temp=outBuf[i];
  outBuf[i]=outBuf[j];
  outBuf[j]=temp;
 }
}
```

【解析】本题考查的主要是数据的奇偶性判断及数据的排序。基本思想是:①利用条件 inBuf[i]%2!=0 找出奇数。用该数与其前面的连续5个数进行比较,如果有一个数不符合要求(小于或等于后面的数),则可将该数排除,这样便可找出所有符合要求的项;②将当前数与其后的各个数相比较,如果当前数比其后的数大,则将两数据进行交换,从而使得前面的数小于后面的数,最终达到从小到大排序的目的。

< 115 >

第2套　上机考试试题答案与解析

```
void arrangeValue()
{
    int i,j,temp[9],num_low,num_high;
    for(i=0;i<10;i++)   //对 10 行数据进行扫描
    {
        num_low=0,num_high=8;
        for(j=8;j>=0;j--)   //从最后一列向前扫描
        {
            if(inBuf[i][j]>inBuf[i][0])   //如果当前数据比首位数据大
            {
                temp[num_high]=inBuf[i][j];   //将当前数据放到 temp 中的第 num_high 位
                num_high--;   //将存放比首位数据大的数据的下标前移,以指定下次存放的位置
            }
            else
            {
                temp[num_low]=inBuf[i][j];   //将当前数据放到 temp 中的第 num_low 位
                num_low++;   //将存放比首位数据小的数据的下标后移,以指定下次存放的位置
            }
        }
        temp[num_high]=inBuf[i][0];   //将最后留下的位置上存放原数组的首位数据
        for(j=0;j<9;j++)
        inBuf[i][j]=temp[j];   //将 temp 中的内容复制到 inBuf 中
    }
}
```

【解析】本题主要考查数组中数据按指定要求重新排序的方法。

从左边开始扫描时,不管是比第一个大的还是小的,都以第一个元素所在的位置来确定起始位置,由于第一个元素的位置不确定,所以比第一个元素大的和小的元素的起始存放位置也不能确定。若从右侧开始扫描,则比第一个元素大的和小的元素的起始存放位置是数组的两侧,起始位置固定。

程序步骤:①从右侧开始查找,如果当前元素比第一个元素大,则从数组 temp 的右侧起存放,反之,则从数组 temp 的左侧起存放,最后将第一个元素存放在剩下的位置;②将 temp 中的值赋给数组 inBuf。

第3套　上机考试试题答案与解析

```
int findValue(int outBuf[])
{
    int i, d1, d2, d3, count = 0;
    for (i=10; i*i<1000; i++)
    {
        d1 = i*i/100;   /*求该平方数的百位数字*/
        d2 = i*i/10%10;   /*求该平方数的十位数字*/
        d3 = i*i%10;   /*求该平方数的个位数字*/
        if (d1==d2 || d2==d3 || d3==d1)
```

< 116 >

```
            outBuf[count++] = i * i;
        }
        return count;
}
```

【解析】本题主要考查数位分解及排序。基本思路是,由于最小的三位数 100 是 10 的平方,因此可以从 10 开始,判断每个数的平方值是否有两位数字相同,直到找到数的平方值大于 999,这样可遍历 100～999 中所有的平方数,循环中将满足条件的数存入数组 outBuf 中,由于遍历是从小到大的,因此数组 outBuf 中的元素已经按升序排列。

第4套 上机考试试题答案与解析

```
for(i=0;i<MAX;i++)
{
fscanf(fp,"%d,",&xx[i]);//读取文件中的数据存入变量 xx[i]中
if((i+1)%10==0)//每行存 10 个数
fscanf(fp,"");
}
//读取行后的换行符
```

【解析】本题考查文件的操作、奇偶判断和数学公式的计算。函数 ReadDat 的作用是从文件中读取数据存入数组 xx 中,因为数据存入文件的格式是每个数据被逗号隔开,所以 fscanf(fp,"%d,",&xx[i])语句中的字符串"%d,"要加入逗号。函数 Compute 的作用是计算方差,思路是首先顺序读取数组 xx 中的结点,若是偶数则累加存入 ave2,个数存入 even,若不是偶数(即为奇数)则累加结果存入 ave1,个数存入 odd。然后计算奇数和偶数的平均数,利用循环结构依次读取存放偶数的数组 yy,计算方差 totfc。

第5套 上机考试试题答案与解析

```
int i,str,half;
char xy[20];
ltoa(n,xy,10);
strl=strlen(xy);
half=strl/2;
for(i=0;i<half;i++)
if(xy[i]! =xy[--strl])
break;
if(i>=half)
return 1;
else
return 0;
```

【解析】本题将长整型 n 转换成字符串存入数组 xx 中,取出字符串的长度,循环到字符串的中部,依次比较相对位置字符,如果碰到某一对不同,则跳出循环,此时 i>=half,证明循环自然结束,返回 1,n 是回文数,否则循环将强制跳出,证明至少有一对字符不相同,所以返回 0,n 不是回文数。

第6套 上机考试试题答案与解析

```
void countValue()
{
```

< 117 >

```
int i,j,flag,temp;
int outBuf[300];
for(i=500;i<800;i++)
{
flag=0;
for(j=2;j<i;j++)//判断否为素数
if(i%j==0)
{
flag=1;//如果当前数据可被除1和其自身之外的整数整除的话,则将标志置1,表明该数不是素数
break;//一旦发现不是素数,就退出循环
}
if(flag==0)//如果是素数
{
outBuf[count]=i;//将该数放到 outBuf 中
count++;//计数器加1
}
}
for(i=0;i<count-1;i++)//以下是将数据进行从小到大排序的程序
for(j=i+1;j<count;j++)
if(outBuf[i]>outBuf[j])//如果第 i 位比它后面的数大,则将两者进行交换,也即将更小的值放到第 i 位
{
temp=outBuf[i];
outBuf[i]=outBuf[j];
outBuf[j]=temp;
}
for(i=0;i<count;i++)
{
if(i%2==0) sum+=outBuf[i];//如果下标是偶数,则加上该数
else sum-=outBuf[i];//如果下标是奇数,则减去该数
}
}
```

【解析】本题主要考查素数的判断、排序和数组中指定下标元素的求和问题。

①判断是否为素数,素数的定义是,若一个数除了其自身和1再没有其他的除数,则该数就是素数,故用其定义可以很容易判断,在2到所判断数之间的数进行扫描,若有一个除数,则该数就不是素数;②排序,排序的思想是(以从小到大为例),将当前数据与其后的各个数据相比较,如果当前的数据比其后的数据大,则将两数据进行交换,从而使得前面的数据小于后面的数据,达到从小到大排序的目的;③计算其间隔加、减之和:判断下一位数的标号是奇数还是偶数,若下标为偶数则加,否则则减。

第7套 上机考试试题答案与解析

```
void findValue()
{
    int i,j,k,d[4],temp;
    for(i=0;i<NUM;i++)
    {
```

< 118 >

```
for(j=0;j<4;j++)
{
    temp=inBuf[i];   //将要进行分解的数据存入 temp 中
    for(k=0;k<j;k++) temp=temp/10;   //求第 j 位的值时
    d[3-j]=temp%10;   //先将 temp 除以 10 的 j 次方,再对其求余
}
if(d[0]+d[1]==d[3]+d[2])
{
    outBuf[count]=inBuf[i];
    count++;
}
}
for(i=0;i<count-1;i++)   //以下是将数据进行从大到小排序的程序
for(j=i+1;j<count;j++)
if(outBuf[i]<outBuf[j])   //如果第 i 位比它后面的数小,则将两者进行交换,也即将更大的值放到第 i 位
{
    temp=outBuf[i];
    outBuf[i]=outBuf[j];
    outBuf[j]=temp;
}
}
```

【解析】本题主要考查数位分解及排序。

数位分解就是将 n 位数中各个位上的数值单独分离出来。解决此问题的方法是:将 n 位数对 10 求余可以将个位上的数值分离出来。将这个 n 位数除以 10 以后得到一个 n−1 位数,则此时 n 位数原来的十位就变成了 n−1 位数的个位,再将此 n−1 位数对 10 求余便可得到原 n 位数的十位。依此类推,按照同样的方法便可将 n 位数各个位上的数值分离出来。

程序步骤:①将数值送入 temp 中;②由 temp%10 得到个位数;(temp/10)%10 得到十位数……如此可得到各位上的数值;③按照题目所给的条件选出数据;④对选出的数据进行排序,排序的思想是(以从小到大为例),将当前数据与其后的各个数据相比较,如果当前的数据比其后的数据大,则将两数据进行交换,从而使得前面的数据小于后面的数据,达到从小到大排序的目的。

第8套　上机考试试题答案与解析

```
void countValue()
{
int i,j,k,d[3],flag;
for(i=0;i<=100-10;i++)
{
d[0]=i;d[1]=i+4;d[2]=i+10;//将三个数存入数组
flag=0;//将标志位清零
for(k=0;k<3;k++)
{
for(j=2;j<d[k];j++)//判断是否为素数
if(d[k]%j==0)//如果一个数除了自身和 1 之外还有其他余数,则该数不是素数
{
flag=1;//将标志位置 1
break;//一旦发现不满足条件的数就退出循环
```

```
}
}
if(flag==0)//如果满足条件
{
sum+=i;//将该数加入总和
count++;//计数器加1
}
}
}
```

【解析】本题主要考查素数的判断问题。

①判断是否为素数：素数的定义是，若一个数除了其自身和1再没有其他的除数，则该数就是素数。故用其定义可以很容易判断，在2到所判断数之间的数进行扫描，若有一个除数，则该数就不是素数；②判断4个数是不是都是素数，若有一个不是，则不符合要求，即可进行下一轮判断。

 ## 第9套　上机考试试题答案与解析

```
void findValue()
{
    int i,j,k,d[4],temp;
    for(i=0;i<NUM;i++)
    {
        for(j=0;j<4;j++)
        {
            temp=inBuf[i];   //将要进行分解的数据存入 temp 中
            for(k=0;k<j;k++) temp=temp/10;   //求第 j 位的值时
            d[3-j]=temp%10;   //先将 temp 除以 10 的 j 次方，再对其求余即可
        }
        if(d[0]-d[1]-d[2]-d[3]>0)
        {
            outBuf[count]=inBuf[i];
            count++;
        }
    }
    for(i=0;i<count-1;i++)   //以下是将数据进行从小到大排序的程序
    for(j=i+1;j<count;j++)
    if(outBuf[i]>outBuf[j])   //如果第 i 位比它后面的数大，则将两者进行交换，也即将更小的值放到第 i 位
    {
        temp=outBuf[i];
        outBuf[i]=outBuf[j];
        outBuf[j]=temp;
    }
}
```

【解析】本题主要考查数位分解及排序。

数位分解就是将 n 位数上各个位上的数值单独分离出来。解决此问题的方法是：将 n 位数对 10 求余可以将个位上的数值分离出来。将这个 n 位数除以 10 以后得到一个 n-1 位数，则此时 n 位数原来的十位就变成了 n-1 位数的个位，再将

此 n－1 位数对 10 求余便可得到原 n 位数的十位。依次类推,按照同样的方法便可将 n 位数各个位上的数值分离出来。

程序步骤:①将数值送入 temp 中;②由 temp％10 得到个位数,(temp/10)％10 得到十位数……如此可得到各位上的数值;③按照题目所给的条件选出数据;④对选出的数据进行排序,排序的思想是(以从小到大为例),将当前数据与其后的各个数据相比较,如果当前的数据比其后的数据大,则将两数据进行交换,从而使得前面的数据小于后面的数据,达到从小到大排序的目的。

 ## 第 10 套 上机考试试题答案与解析

```
float findRoot( )
{
float x1=0.00,x0;
int i=0;
do
{x0=x1;//将 x1 的值赋给 x0
x1=cos(x0);//得到一个新的 x1 的值
}
while(fabs(x1－x0)＞0.000001);//如果误差比所要求的值大,则继续循环
return x1;
}
```

【解析】本题主要考查方程的数值解法。

题目较简单,按照题目中所给的流程即可很快编出程序。

 ## 第 11 套 上机考试试题答案与解析

```
void findValue()
{
    int i,j,k,d[4],temp;
    for(i=0;i<NUM;i++)
    {
        for(j=0;j<4;j++)
        {
            temp=inBuf[i];   //将要进行分解的数据存入 temp 中
            for(k=0;k<j;k++) temp=temp/10;   //求第 j 位的值时
            d[3－j]=temp%10;   //先将 temp 除以 10 的 j 次方,再对其求余即可
        }
        if(d[0]+d[1]==d[2]+d[3]&&d[0]+d[1]==(d[3]－d[0]) * 10)
        {
            sum+=inBuf[i];
            count++;
        }
    }
}
```

【解析】本题主要考查数位分解及排序。

数位分解就是将 n 位数上各个位上的数值单独分离出来。解决此问题的方法是:将 n 位数对 10 求余可以将个位上的数值分离出来。将这个 n 位数除以 10 以后得到一个 n－1 位数,则此时 n 位数原来的十位就变成了 n－1 位数的个位,再将

此 n−1 位数对 10 求余便可得到原 n 位数的十位。依次类推,按照同样的方法便可将 n 位数各个位上的数值分离出来。

　　程序步骤:①将数值送入 temp 中;②由 temp%10 得到个位数,(temp/10)%10 得到十位数……如此可得到各位上的数值;③按照题目所给的条件选出数据;④对选出的数据进行排序,排序的思想是(以从小到大为例),将当前数据与其后的各个数据相比较,如果当前的数据比其后数据大,则将两数据进行交换,从而使得前面的数据小于后面的数据,达到从小到大排序的目的。

 ## 第 12 套　上机考试试题答案与解析

```
void calculate(void)
{
int i,j,k,sum,use_i;
int useful[LINE]={−1};
k=0;
for(i=0;i<LINE;i++)
{
sum=0;//将总和清零
//将 ASCII 码转化成对应的数字,并加入到总和中
for(j=0;j<COL;j++) sum+=(inBuf[i][j]−'0');
if(sum>=THR)//如果该选票选的人数小于 5 人,则视为无效选票
{
useful[k]=i;//将有效的选票的标号放到数组 useful[]中
k++;//将有效选票的计数器加 1
}
}
use_i=k;//记录有效选票的个数
for(j=0;j<COL;j++)
for(k=0;k<use_i;k++) outBuf[j]+=(inBuf[useful[k]][j]−'0');//统计有效选票数
}
```

【解析】本题主要考查如何将读入的字符型的数字转换成对应的整型数字。

　　由于数字 0~9 的 ASCII 码是连续增加的,故可用 0~9 的 ASCII 码值减去 0 的 ASCII 码值而得到数字 0~9。本题的另一个难点是如何在除去无效选票之后再进行统计。在程序中选用的是用一个数组 useful[]来记录有效选票的号码,将该数组中的值做为选票数组 inBuf[]的行下标,从而实现了对无效选票的排除。

 ## 第 13 套　上机考试试题答案与解析

```
int findStr(char * str,int find_len)
{
int str_len,i,count=0,mark=−1;
str_len=strlen(str);/* 求出字符串的长度 */
for(i=0;i<str_len;i++)
{
if( * (str+i)>'z'||* (str+i)<'A'||( * (str+i)>'Z'&&* (str+i)<'a'))/* 如果是非字母符号 */
{
if(i−mark==find_len+1)count++;
/* 如果两个非字母符号当中的字母个数等于所要查找的长度,则将计数器加 1 */
```

< 122 >

```
mark＝i;/*将 i 记成标记*/
    }
}
if(mark＜str_len－1&&str_len－1－mark＝＝find_len) count++;
/*如果是最后一个单词,当其长度等于所要查找的长度时就将计数器加 1*/
return count;
}
```

【解析】本题主要考查如何在字符串中找单词。本程序将单词界定为,两个相邻的非字母符号间的字母为一个单词。所以在程序中通过找两个非字母符号之间字母的个数来确定单词的长度。如果单词长度等于要求查找的长度,则将计数器加1。在查找时应注意一行中的第一个单词和最后一个单词的特殊性,它们只有一侧有非字母符号,故要将其单独处理。

第 14 套　上机考试试题答案与解析

```
void SortDat()
{
    int i,j;
    PRO xy;
    for(i＝0;i＜99;i++)
    for(j＝i+1;j＜100;j++)
    if(strcmp(sell[i].dm,sell[j].dm)＜0   //如果产品 i 的产品代码小于产品 j 的产品代码
    ||strcmp(sell[i].dm,sell[j].dm)＝＝0   //如果产品 i 的产品代码等于产品 j 的产品代码
    &&sell[i].je＜sell[j].je)   //如果产品 i 的金额小于产品 j 的金额
    {
      xy＝sell[i]; sell [i]＝sell[j]; sell[j]＝xy;
    }
    //产品 i 和产品 j 交换
}
```

【解析】本题主要考查数组的排序操作。算法思路1、i 结点与后面的所有 j 结点比较,若符合条件则交换 i,j 结点位置。2、然后后移 i 结点,执行步骤1直到 i 结点是倒数第二结点为止。

第 15 套　上机考试试题答案与解析

```
void findValue()
{
    int i,j,k,d[4],temp;
    for(i＝0;i＜NUM;i++)
    {
        for(j＝0;j＜4;j++)
        {
            temp＝inBuf[i];   //将要进行分解的数据存入 temp 中
            for(k＝0;k＜j;k++) temp＝temp/10;   //求第 j 位的值时
            d[3－j]＝temp%10;   //先将 temp 除以 10 的 j 次方,再对其求余即可
        }
        if(d[0]+d[2]＝＝d[1]－d[3]&&d[3]%2＝＝0)
        {
```

```
        outBuf[count]＝inBuf[i];
        count++;
    }
}
    for(i=0;i<count-1;i++)  //以下是将数据进行从小到大排序的程序
    for(j=i+1;j<count;j++)
    if(outBuf[i]>outBuf[j])   //如果第 i 位比它后面的数大,则将两者进行交换,也即将更小的值放到第 i 位
    {
        temp＝outBuf[i];
        outBuf[i]＝outBuf[j];
        outBuf[j]＝temp;
    }
}
```

【解析】本题主要考查数位分解及排序。

数位分解就是将 n 位数上各个位上的数值单独分离出来。解决此问题的方法是:将 n 位数对 10 求余可以将个位上的数值分离出来。将这个 n 位数除以 10 以后得到一个 n-1 位数,则此时 n 位数原来的十位就变成了 n-1 位数的个位,再将此 n-1 位数对 10 求余便可得到原 n 位数的十位。依次类推,按照同样的方法便可将 n 位数各个位上的数值分离出来。

程序步骤:①将数值送入 temp 中;②由 temp%10 得到个位数,(temp/10)%10 得到十位数……如此可得到各位上的数值;③按照题目所给的条件选出数据;④对选出的数据进行排序,排序的思想是(以从小到大为例),将当前数据与其后的各个数据相比较,如果当前的数据比其后的数据大,则将两数据进行交换,从而使得前面的数据小于后面的数据,达到从小到大排序的目的。

第16套　上机考试试题答案与解析

```
void arrangeChar()
{
int i,j,k,col[LINE];
unsigned char temp;
for(i=0;i<totleLine;i++)/* 统计出每行字母(不含回车符)的列数,即字符串长度 */
for(j=0;j<COL;j++)
if(inBuf[i][j]==0)/* 如果 inBuf 中的某一个值等于 0(行结束符) */
{
col[i]=j;/* 则将该列号记下来,即为该列的列数 */
break;/* 退出循环 */
}
for(i=0;i<totleLine;i++)
{
for(j=0;j<col[i]-1;j++)
/* 下面是对一行的奇数项字符进行由小到大、偶数项字符进行由大到小的排序 */
for(k=j+1;k<col[i];k++)
{
if(inBuf[i][j]>inBuf[i][k]&&((j+1)%2==0)&&((k+1)%2==0))
/* 如果下标为奇数的字符的 ASCII 码值比其后一个奇数位下标字符的 ASCII 码值大 */
{/* 则进行交换 */
```

```
temp=inBuf[i][j];
inBuf[i][j]=inBuf[i][k];
inBuf[i][k]=temp;
}
if(inBuf[i][j]<inBuf[i][k]&&((j+1)%2!=0)&&((k+1)%2!=0))
/*如果下标为偶数的字符ASCII码值比其后一个偶数位下标字符的ASCII码值小*/
{/*则进行交换*/
temp=inBuf[i][j];
inBuf[i][j]=inBuf[i][k];
inBuf[i][k]=temp;
}
}
}
}
```

【解析】本题主要考查字符串的排序问题。①分别对数组中下标为偶数和下标为奇数的数据进行排序,因此,在循环时应将奇数和偶数通过下标求余来区分开,以对其分别进行排序;②排序的思想是(以从小到大为例),将当前数据与其后的各个数据相比较,如果当前数据比其后的数据大,则将两数据进行交换,从而使得前面的数据小于后面的数据,达到从小到大排序的目的。

 第17套 上机考试试题答案与解析

```
void findValue()
{
    int i,j,k,d[4],temp,minus,ab,cd;
    for(i=0;i<NUM;i++)
    {
        for(j=0;j<4;j++)
        {
            temp=inBuf[i];   //将要进行分解的数据存入temp中
            for(k=0;k<j;k++) temp=temp/10;   //求第j位的值时
            d[3-j]=temp%10;   //先将temp除以10的j次方,再对其求余即可
        }
        ab=d[0]*10+d[2];
        cd=d[3]*10+d[1];
        minus=ab-cd;
        if(minus>=0&&minus<=10&&ab%2!=0&&cd%2==0)
        {
            outBuf[count]=inBuf[i];
            count++;
        }
    }
    for(i=0;i<count-1;i++)   //以下是将数据进行从小到大排序的程序
    for(j=i+1;j<count;j++)
    if(outBuf[i]>outBuf[j])   //如果第i位比它后面的数大,则将两者进行交换,也即将更小的值放到第i位
    {
        temp=outBuf[i];
```

```
        outBuf[i]=outBuf[j];
        outBuf[j]=temp;
    }
}
```

【解析】本题主要考查数位分解及排序。

数位分解就是将 n 位数上各个位上的数值单独分离出来。解决此问题的方法是：将 n 位数对 10 求余可以将个位上的数值分离出来。将这个 n 位数除以 10 以后得到一个 n－1 位数，则此时 n 位数原来的十位就变成了 n－1 位数的个位，再将此 n－1 位对 10 求余便可得到原 n 位数的十位。依次类推，按照同样的方法便可将 n 位数各个位上的数值分离出来。

程序步骤：①将数值送入 temp 中；②由 temp%10 得到个位值，(temp/10)%10 得到十位数……如此可得到各位上的数值；③按照题目所给的条件选出数据；④对选出的数据进行排序，排序的思想是（以从小到大为例），将当前数据与其后的各个数据相比较，如果当前的数据比其后的数据大，则将两数进行交换，从而使得前面的数据小于后面的数据，达到从小到大排序的目的。

第 18 套　上机考试试题答案与解析

```
void produceX(int n)
{
int i,X;
outBuf[0]=2;outBuf[1]=3;
for(i=2;i<n;i++)
{
X=outBuf[i-1] * outBuf[i-2];
if(X>10) /* 如果是两位数 */
{
outBuf[i]=X/10;/* 求出十位上的值 */
sum+=outBuf[i];/* 将该数计入总和 */
i++;/* 将数组下标右移一位 */
outBuf[i]=X%10;/* 求出个位上的值 */
sum+=outBuf[i];/* 将该数计入总和 */
}
else/* 如果是一位数 */
{
outBuf[i]=X;
sum+=outBuf[i];/* 将该数计入总和 */
}
}
}
```

【解析】本题主要考查数列问题。按照指定的运算规则，如果得到的乘积是两位数，则将两位数的十位和个位作为新的后两位，注意此时循环量应该多加 1。如果得到的是 1 位数，直接作为新值即可。

第 19 套　上机考试试题答案与解析

```
void findValue()
{
    int i,j,k,d[4],temp,minus,ab,cd;
```

< 126 >

```
for(i=0;i<NUM;i++)
{
    for(j=0;j<4;j++)
    {
        temp=inBuf[i];   //将要进行分解的数据存入 temp 中
        for(k=0;k<j;k++) temp=temp/10;   //求第 j 位的值时
        d[3-j]=temp%10;   //先将 temp 除以 10 的 j 次方,再对其求余即可
    }
    ab=d[0]*10+d[2];
    cd=d[3]*10+d[1];
    minus=ab-cd;
    if(minus>=10&&minus<=20&&(ab%2+cd%2)==0&&ab*cd!=0)
    {
        outBuf[count]=inBuf[i];
        count++;
    }
}
for(i=0;i<count-1;i++)   //以下是将数据进行从大到小排序的程序
for(j=i+1;j<count;j++)
if(outBuf[i]<outBuf[j])   //如果第 i 位比它后面的数小
{   //则将两者进行交换,也即将更大的值放到第 i 位
    temp=outBuf[i];
    outBuf[i]=outBuf[j];
    outBuf[j]=temp;
}
}
```

【解析】本题主要考查数位分解及排序。

　　数位分解就是将 n 位数上各个位上的数值单独分离出来。解决此问题的方法是:将 n 位数对 10 求余可以将个位上的数值分离出来。将这个 n 位数除以 10 以后得到一个 n−1 位数,则此时 n 位数原来的十位就变成了 n−1 位数的个位,再将此 n−1 位数对 10 求余便可得到原 n 位数的十位。依次类推,按照同样的方法便可将 n 位数各个位上的数值分离出来。

　　程序步骤:①将数值送入 temp 中;②由 temp%10 得到个位数;(temp/10)%10 得到十位数……如此可得到各位上的数值;③按照题目所给的条件选出数据;④对选出的数据进行排序,排序的思想是(以从小到大为例),将当前数据与其后的各个数据相比较,如果当前的数据比其后的数据大,则将两数据进行交换,从而使得前面的数据小于后面的数据,达到从小到大排序的目的。

第 20 套　上机考试试题答案与解析

```
int i,count,j;
char * pf;
for(i=0;i<10;i++)
result[i]=0;
for(i=0;i<100;i++)
{
pf=string[i];
count=0;
```

< 127 >

```
while( * pf)
{
if( * pf=='1')
count++;
pf++;
}
if(count<=5)
for(j=0;j<10;j++)
result[j]+=string[i][j]-'0';
}
```

【解析】CountRs()要实现的功能是,统计每个人的选票数并把得票数依次存入 result[0]~result[9]中。因此解答本题的关键在于如何判断一个人是否得票。

在 for 循环语句中自变量 i 从 0 到 100,对数组 string[i]中字符 1 的个数进行统计并赋给变量 count,如果变量 count 的值大于 5,说明这是一张无效选票,否则在 for(j=0;j<10;j++)result[j]+=string[i][j]-'0';语句中把 string[i][j]的值相加赋给 result[j],就得到了每个人的选票数,本题考察了二维数组的使用。

 第 21 套　上机考试试题答案与解析

```
void findValue()
{
    int i,j,k,d[4],temp,ab,cd;
    for(i=0;i<NUM;i++)
    {
        for(j=0;j<4;j++)
        {
            temp=inBuf[i];    //将要进行分解的数据存入 temp 中
            for(k=0;k<j;k++) temp=temp/10;    //求第 j 位的值时
            d[3-j]=temp%10;    //先将 temp 除以 10 的 j 次方,再对其求余即可
        }
        ab=d[0] * 10+d[2];
        cd=d[3] * 10+d[1];
        if(ab<cd&&ab%2! =0&&ab%5! =0&&cd%2==0&&d[0]! =0&&d[3]! =0)
        {
            outBuf[count]=inBuf[i];
            count++;
        }
    }
    for(i=0;i<count-1;i++)    //以下是将数据进行从大到小排序的程序
    for(j=i+1;j<count;j++)
    if(outBuf[i]<outBuf[j])    //如果第 i 位比它后面的数小,则将两者进行交换,也即将更大的值放到第 i 位
    {
        temp=outBuf[i];
        outBuf[i]=outBuf[j];
        outBuf[j]=temp;
    }
```

< 128 >

}

【解析】本题主要考查数位分解及排序。

数位分解就是将 n 位数上各个位上的数值单独分离出来。解决此问题的方法是,将 n 位数对 10 求余可以将个位上的数值分离出来。将这个 n 位数除以 10 以后得到一个 n−1 位数,则此时 n 位数原来的十位就变成了 n−1 位数的个位,再将此 n−1 位数对 10 求余便可得到原 n 位数的十位。依次类推,按照同样的方法便可将 n 位数各个位上的数值分离出来。

程序步骤:①将数值送入 temp 中;②由 temp%10 得到个位数,(temp/10)%10 得到十位数……如此可得到各位上的数值;③按照题目所给的条件选出数据;④对选出的数据进行排序,排序的思想是(以从小到大为例),将当前数据与其后的各个数据相比较,如果当前的数据比其后的数据大,则将两数据进行交换,从而使得前面的数据小于后面的数据,达到从小到大排序的目的。

第22套　上机考试试题答案与解析

```
int i, strl, half;
char xy[20];
ltoa(n, xy, 10);
strl = strlen(xy);
half = strl/2;
for (i=0; i<half; i++)
if (xy[i] ! = xy[−−strl])
break;
if (i >= half)
return 1;
else
return 0;
```

【解析】本题将长整型 n 转换成为字符串存入数组 xx 中,取出字符串的长度,循环到字符串的中部,依次比较相对位置字符,如果碰到某一对不相同,就跳出循环。此时如果 i>=half,证明循环自然结束,返回 1,n 是回文数,否则循环强制跳出,证明至少有一对字符不相同,所以返回 0,n 不是回文数。

第23套　上机考试试题答案与解析

```
void findValue()
{
 int i,j,k,d[4],temp,ab,cd;
 for(i=0;i<NUM;i++)
 {
  for(j=0;j<4;j++)
  {
  temp=inBuf[i];
  /*将要进行分解的数据存入 temp 中*/
  for(k=0;k<j;k++)
  temp=temp/10;  /*求第 j 位的值时*/
  d[3−j]=temp%10;
  /*先将 temp 除以 10 的 j 次方,再对其求余即可*/
  }
  ab=d[3]*10+d[0];
  /*将个位数字和千位数字组成新数 ab*/
```

```
cd＝d[1]＊10＋d[2];
/＊将百位数字和十位数字组成新数 cd＊/
if((ab%2==0‖cd%2==0)&&(ab%2!=cd%2)&&(ab%17＊cd%17==0))&&d[3]!=0&&d[1]!=0)
{
    /＊如果两新数中有一个奇数,另一个为偶数且至少有一个能被 17 整除,
    同时两新数的十位数均不为 0＊/
    outBuf[count]＝inBuf[i];
    /＊则将满足条件的数存入 outBuf[]中＊/
    count++;
    /＊并使计数器加 1＊/
}
for(i=0;i<count-1;i++)
/＊以下是对数据进行从大到小的排序＊/
for(j=i+1;j<count;j++)
if(outBuf[i]<outBuf[j])
{temp=outBuf[i];
outBuf[i]=outBuf[j];
outBuf[j]=temp;
}
}
```

【解析】本题考查的主要是数位分解及排序。数位分解就是将 n 位数各个位上的数值单独分离出来,将此 n 位数对 10 求余可以将个位上的数值分离出来;将此 n 位数除以 10 以后得到一个 n－1 位数,则此时 n 位数原来的十位就变成了 n－1 位数的个位,再将此 n－1 位数对 10 求余便可得到原 n 位数的十位。依次类推,便可将 n 位数各个位上的数值分离出来。程序的基本步骤是:①将数值送入 temp 中;②由 temp%10 得到个位数,(temp/10)%10 得到十位数,依次类推,可得到各位上的数值;③按照题目所给的条件筛选出数据;④对选出的数据进行排序。

第 24 套　上机考试试题答案与解析

```
void Find_n( )
{
int n＝1;//定义计数器变量,保存求得的项数
int a1＝1,a2＝1,an;//用来保存级数的值
int sum0,sum;//用来存储级数的和的变量
sum0＝a1＋a2;//计算前两项的级数和
while(1)//无条件循环,循环体内有控制是否结束循环的语句
{
an＝a1＋a2＊2;//求下一个级数
sum＝sum0＋an;//求级数和
a1＝a2;//将 a2 赋给 a1
a2＝an;//将 an 赋给 a2
n++;
if(sum0<100 && sum>=100)//如果满足 Sn<100 且 sn+1>=100
b[0]＝n;//则将 n 存入数组单元 b[0]中
if(sum0<1000 && sum>=1000)//如果满足 Sn<1000 且 sn+1>=1000
b[1]＝n;//则将 n 存入数组单元 b[1]中
```

< 130 >

```
if(sum0<10000 && sum>=10000)//如果满足 Sn<10000 且 sn+1>=10000
{
b[2]=n;//则将 n 存入数组单元 b[2]中
break;//并强行退出循环
}
sum0=sum;//将 sum 赋给 sum0,为下一次循环的求和作准备
}
}
```

【解析】本题主要考查的是利用循环求级数。

由级数的表达式可以看出,级数中的各项可以由循环依次求得。当级数的和达到要求的条件时即可退出循环结构。因为退出循环的两个条件 Sn<M,Sn+1≥M 要同时满足,所以两条件之间要用到逻辑"与"运算。这里使用 break 语句退出整个循环结构。

 第25套　上机考试试题答案与解析

```
void findValue(int * result,int * amount)
{
int i;
* amount=0;//将计数器清零
for(i=1;i<=1000;i++)//在 1~1000 中循环
if(((i%7==0&&i%11!=0)||(i%11==0&&i%7!=0)))//如果满足条件
{
result[* amount]=i;//将数据放入数组 result 中的第 * amount 位
(* amount)++;//计数器加 1
}
}
```

【解析】若一个数 m 能被 n 整除,则有 m%n==0。另外本题也考查了通过指针传递数据的方法。主函数将所要求子函数返回的变量的指针 * result, * amount 传给子函数,子函数通过对指针的操作直接将数据传到变量当中,这也为子函数返回多值提供了一种方法。

 第26套　上机考试试题答案与解析

```
void findValue()
{
    int i,j,k,d[4],temp,count_no=0;
    for(i=0;i<NUM;i++)
    {
        for(j=0;j<4;j++)
        {
            temp=inBuf[i];   //将要进行分解的数据存入 temp 中
            for(k=0;k<j;k++) temp=temp/10;   //求第 j 位的值时
            d[3-j]=temp%10;   //先将 temp 除以 10 的 j 次方,再对其求余即可
        }
        if(d[3]-d[1]-d[2]-d[0]>0)
        {
            count++;   //符合条件项的计数器
```

< 131 >

```
        //average1*(count-1)得到前 count-1 个数的总和
        average1=(average1*(count-1)+(double)inBuf[i])/count;
    }
    else
    {
        count_no++;   //不符合条件项的计数器
        average2=(average2*(count_no-1)+(double)inBuf[i])/count_no;
    }
    }
}
```

【解析】本题主要考查数位分解及数据平均值的求法。

程序步骤：①将数值送入 temp 中；②数位分解，由 temp％10 得到个位数，(temp/10)％10 得到十位数……如此可得到各位上的数值；③按照题目所给的条件选出数据；④对选出的数据求平均值：由于本题中的数据量比较大，若采用先将各个值加起来再除以总个数来取平均的话，变量不能存储那么大的数据而导致溢出，本题的程序采用的方法是，N 个数的平均值＝[前(N-1)个数的平均值*(N-1)+第 N 个数]/N，采用这种递推的方法就避免了将大的数据存入变量中而产生溢出。

第 27 套　上机考试试题答案与解析

```
int Fib_Res(int n)
{
int f1=0, f2=1, fn;/*定义 fn 存储 Fibonacci 数,初始化数列的前两项 f1、f2*/
fn = f1+f2;/*计算后一项 Fibonacci 数*/
while (fn <= n)/*如果当前的 Fibonacci 数不大于 n,则继续计算下一个 Fibonacci 数*/
{
f1 = f2;
f2 = fn;
fn = f1+f2;
}
return fn;
}
```

【解析】本题主要考查递归算法。根据已知数列可知：在 Fibonacci 数列中，从第 3 项开始，每一项都可以拆分为前两项之和。本题要求找到该数列中"大于 n 的最小的一个数"，因此可以借助一个 while 循环来依次求数列中的数，直到某一项的值大于 n，那么这一项就是"大于 n 的最小的一个数"。

第 28 套　上机考试试题答案与解析

```
void findValue()
{
    int i,j,k,d[4],temp,count_no=0;
    for(i=0;i<NUM;i++)
    {
        for(j=0;j<4;j++)
        {
            temp=inBuf[i];   //将要进行分解的数据存入 temp 中
            for(k=0;k<j;k++) temp=temp/10;   //求第 j 位的值时
```

< 132 >

```
        d[3-j]=temp%10;   //先将temp除以10的j次方,再对其求余即可
    }
    if(d[0]+d[3]==d[2]+d[1])
    {
        count++;   //符合条件项的计数器,average1*(count-1)得到前count-1个数的总和
        average1=(average1*(count-1)+(double)inBuf[i])/count;
    }
    else
    {
        count_no++;   //不符合条件项的计数器
        average2=(average2*(count_no-1)+(double)inBuf[i])/count_no;
    }
    }
}
```

【解析】 本题主要考查数位分解及数据平均值的求法。

程序步骤:①将数值送入temp中;②数位分解,由temp%10得到个位数,(temp/10)%10得到十位数……如此可得到各位上的数值;③按照题目所给的条件选出数据;④对选出的数据求平均值:由于本题中的数据量比较大,若采用先将各个值加起来再除以总个数来取平均的话,变量不能存储那么大的数据而导致溢出,本题的程序采用的方法是,N个数的平均值=[前(N-1)个数的平均值*(N-1)+第N个数]/N,采用这种递推的方法就避免了将大的数据存入变量中而产生溢出。

 第29套 上机考试试题答案与解析

```
int i,j,c[2],temp;
for(i=0;i<INCOUNT-1;i++)   //按照条件进行排序
for(j=0;j<INCOUNT;j++)
{
 c[0]=inBuf[i]%1000;   //求出第i个数的后三位
 c[1]=inBuf[j]%1000;   //求出第j个数的后三位
 if(c[0]<c[1]||(c[0]==c[1]&&inBuf[i]>inBuf[j]))
 {
  temp=inBuf[i];
  inBuf[i]=inBuf[j];
  inBuf[j]=temp;
 }
}
for(i=0;i<OUTCOUNT;i++)outBuf[i]=inBuf[i];   //将规定数目的数放到outBuf[]中
```

【解析】 本题主要考查数位分解及排序。分离4位数后3位的方法是,将此4位数inBuf[i][j]对1000求余,所得余数即为该数据的后3位。本题排序的思想是,将当前数据与其后的各个数据相比较,如果当前的数据比其后的数据大,则将两数据进行交换,从而使得前面的数据小于后面的数据,达到从小到大排序的目的。

 第30套 上机考试试题答案与解析

```
void select()
{
    int i,j,c[2],temp;
```

< 133 >

```
for(i=0;i<INCOUNT-1;i++)   /* 按照条件进行排序 */
for(j=i+1;j<INCOUNT;j++)
{
    c[0]=inBuf[i]%1000;   /* 求出第 i 个数的后三位 */
    c[1]=inBuf[j]%1000;   /* 求出第 j 个数的后三位 */
    if(c[0]>c[1])
    {
        temp=inBuf[i];
        inBuf[i]=inBuf[j];
        inBuf[j]=temp;
    }
}
for(i=0;i<OUTCOUNT;i++)
outBuf[i]=inBuf[i];   /* 将规定数目的数放到 outBuf[] 中 */
}
```

【解析】 本题主要考查数位分解及排序。分离 4 位数后 3 位的方法是,是将此 4 位数 inBuf[i][j] 对 1000 求余,所得余数即为该数据的后 3 位。本题排序的思想是,将当前数据与其后的各个数据相比较,如果当前的数据比其后的数据大,则将两数据进行交换,从而使得前面的数据小于后面的数据,达到从小到大排序的目的。